macOS

ソノマ
Sonoma
パーフェクトマニュアル

井村 克也 著

はじめに

2023年にリリースされたmacOS Sonomaは、通算バージョンでいうと14.0となりました。
さすがに、大きな新機能はありませんが、使い勝手の向上が図られています。

使い勝手の大きな変更は、デスクトップ機能の変更です。
「通知センター」に表示されるウィジェットを、デスクトップにも配置できるようになりました。従来の
Mac用のウィジェットだけでなく、iPhoneウィジェットも配置でき、MacからiPhoneウィジェットを利
用できます。

また、デスクトップに配置したウィジェットを利用するために、壁紙をクリックするだけでデスクトップ
を表示できるようになりました（設定によって変更できます）。

FaceTimeも機能強化されました。
オーバーレイ機能が追加され、資料や画面を共有している際に、発表者の映像を重ねた映像を配信できる
ようになりました。さらに、ジェスチャー機能を選択しておくと、ジェスチャーでエフェクト映像を再生で
きます。

Macは、初心者からプロフェッショナルまで直感的な操作で扱える優れたパソコンです。操作が簡単で
あるため、便利な使い方があることを知らずにいるユーザーも少なくありません。基本的な操作を見直すと、
知らなかった機能や使い方を発見でき、さらに便利に利用できるはずです。

本書は、macOS Sonomaの新機能も含めて、Finderや日本語入力などのMacの基本的な使い方、標準
搭載しているアプリの使い方、インターネットへの接続方法、AirDropでのデータのやり取り、「macOS復
旧」の使い方などを16分野に分けて、簡潔に豊富な図版を使って説明しています。

この本を手に取った皆様が、macOS Sonomaを使いこなすのに、ほんの少しでもお手伝いができたら
幸いです。

謝辞
本書を執筆するのに、多くの方に助けられました。いつも誌面を華やかにしてくれる柏の方々（ゆっぱ、る
な、協力ありがとう）、写真を提供していただいた竹田良子さん、忙しい中のご協力ありがとうございます。
また、関係者の方々に深く感謝いたします。
そして、本書を活用していただける読者の方に、この場を借りてお礼と感謝の意を表したいと思います。

2023　秋
井村克也

CONTENTS

Chapter 1
Sonomaにようこそ！ ……………………… 11

Chapter 2
デスクトップとFinder ………………………… 35

Chapter 3
インターネットに接続しよう ……………… 87

Chapter 4
ファイルを操作する ………………………… 103

Chapter 5
Mac本体や周辺機器の設定 ⸺⸺⸺ 135

Chapter 6
日本語入力をマスターしよう ⸺⸺⸺ 169

Chapter 7
ホームページを閲覧する（Safari） ⸺⸺⸺ 185

本書の使い方

本書は、次のようなスタイルでページが構成されています。
各Sectionごとに内容がまとめられ、見出しに対応した図解でMacの操作をマスターできます。

Sectionで解説している主要キーワードです

Sectionのタイトルです

リードは、Sectionの内容を簡潔にまとめています

操作の手順を図解で説明しています。図のとおりに操作することで、簡単にmacOSをマスターすることができます

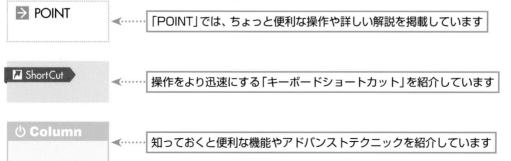

「POINT」では、ちょっと便利な操作や詳しい解説を掲載しています

操作をより迅速にする「キーボードショートカット」を紹介しています

知っておくと便利な機能やアドバンストテクニックを紹介しています

Chapter

1

Sonomaにようこそ！

∙∙

ここでは、Macの起動や終了、Sonoma（ソノマ）の新機能やアップグレードする方法など、基本的な操作を解説します。
さあ、新しくなったmacOSのMacを使いこなしましょう!

Macを起動する

Macのもっとも基本的な操作であるシステム起動・終了の方法を説明します。
また、スリープやログアウトについても覚えておきましょう。

Macの起動とログイン

　Mac本体にあるパワーキーを押すとシステムが起動します。「ジャーン」という起動音のあとに、アップルロゴが画面中央に表示されます。

デスクトップ型は背面、ノート型はキーボードの右上にあるパワーキーを押すと電源が入り、システムが起動します

→ POINT

ログイン画面の表示方法は、「システム設定」の「ロック画面」で設定できます。詳細は、160ページを参照してください。

起動後には、ログイン画面が表示されます。
パスワードを入力して、return キーを押すか ● をクリックします

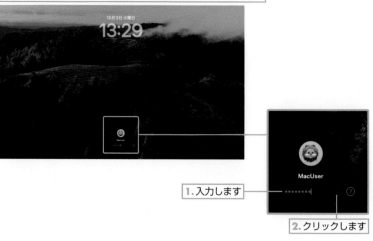

→ POINT

パスワードは、初回セットアップ時に入力したパスワードです。Venturaなどからアップグレードした場合は、アップグレード前に使用していたユーザのパスワードです。

MacUser

1. 入力します

2. クリックします

Column

複数のユーザを設定している場合

Macを使用するユーザを複数設定している場合、ログイン画面にはユーザ名が表示されるので、クリックして選択してからパスワードを入力してログインします（299ページ参照）。

システムを終了する

Macの電源を切る場合は、アップルメニューの「システム終了」を選択します。

1. 選択します

2. クリックします

パワーキーを3秒以上押して表示されるダイアログボックスの「システム終了」ボタンをクリックしても、Macを終了できます。

POINT

Touch ID搭載のMacでは、Touch IDボタン（電源ボタン）を押すと画面がロックされます。アップルメニューの「システム終了」を選択して終了してください。

1. 押し続けます

Macを再起動します　　Macがスリープします　　2. クリックします

チェックしてシステム終了または再起動すると、次回のMac起動時に、電源を落としたときの状態が表示されます

 Column

「スリープ」と「画面をロック」

「スリープ」とは、Macの電源を切らずに画面を暗くして、一時的にシステムを停止することです。スリープは、キーボードの任意のキーを押すかマウスを動かすことで、電源を切った場合よりもすばやくMacのシステムを起動することができます。
Macをスリープさせるには、アップルメニューの「スリープ」を選択します。
「画面をロック」は、一時的に画面操作をできなくなるようにログイン画面を表示します。パスワードを入力すると、通常の画面に戻ります。
ロック画面の詳細な設定については、160ページを参照してください。

スリープ
option + ⌘ + パワーキー
（Touch Bar搭載のMacは不可）

画面をロック
control + ⌘ + Q

Column

強制終了

Macに何らかのエラーが発生するとマウスやキーボードが反応しなくなることがあります。これを「フリーズ」といいます。Macがフリーズした場合は、強制的に終了します。Macを強制的に終了するには、パワーキーを押し続けて電源をオフにします。

ログアウト

ログアウトとは、Macの使用を終了してログインウインドウに戻ることです。
ログアウトするには、アップルメニューの「ログアウト」を選択します。

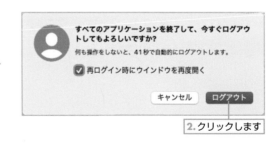

→ POINT

ログアウトは、1台のMacを複数のユーザで使用している場合、使用するユーザを切り替えるときに使用します。

ログアウト
shift + ⌘ + Q

▶ **Section 1-2** インターフェイス / メニューバー / アプリケーションウインドウ / Dock / Finder ウインドウ / サイドバー

ウインドウやアイコンの名前を覚える

macOS Sonoma（ソノマ）は、macOSの美しいインターフェイスを継承し、iPhone/iPadと同様のフラットデザインを採用した最新のMac用システムです。起動後の画面の名称を確認しておきましょう。

macOS Sonomaのインターフェイス

macOS Sonomaの基本的なインターフェイスは、これまでのmacOSと変わりません。旧来のユーザは違和感なく操作できるでしょう。

アプリケーションウインドウ
アプリケーションが表示されるウインドウです。インターネットやメールのチェック、書類の編集や画像の整理など、アプリケーションごとにウインドウが表示されます

メニューバー
現在使用しているアプリケーションの名称とメニューが表示されます

デスクトップ
ウインドウなどが表示される領域をデスクトップと呼びます。背景に表示されるのが壁紙です

サイドバー
Finderウインドウに表示するフォルダなどが表示されます

Dock
よく使うアプリケーションや「システム設定」をクリックして起動できます。作業中のアプリのウインドウや、Finderウインドウをしまっておくこともできます

Finderウインドウ
内蔵ディスクやフォルダの中を表示するウインドウです。フォルダやファイルの種類は、アイコンによって識別することができます

Sonomaの主な新機能

macOS Sonomaは、これまでのMacの使いやすさを踏襲し、より使いやすい機能が搭載されました。見た目の変わった大きな機能を簡単に紹介します。

スクリーンセーバ

　従来のスクリーンセーバに加えて、新たに壁紙をスローモーションで再生するスクリーンセーバ機能が追加されました。

壁紙がスローモーションで動くスクリーンセーバになります

デスクトップのウィジェット

　通知センターに表示されたウィジェットをデスクトップに表示できるようになりました。

　アプリやウインドウが前面にあるときは、ウィジェットが背景に溶け込むように色が変わり、作業の邪魔になりません。

デスクトップに配置したウィジェット

作業時にはウィジェットの色が背景に溶け込むように色が変わります

デスクトップの表示

壁紙の部分をクリックするだけでデスクトップを表示できます。

この機能は設定によって、オン／オフできます。

1.クリックします　2.デスクトップが表示されます

FaceTimeの機能強化

Apple Silicon Macでは、共有する画面に自分の映像を重ねるオーバーレイ機能が利用できるようになりました。

また、リアクションが追加されました。メニューバーのFaceTimeからリアクションを選択すると、画面にリアクション映像が再生されます。決まったジェスチャーでリアクションを再生することも可能です。

コンテンツ共有時には、オーバーレイを選択できます

通話前にリアクションをプレビュー表示するといいでしょう

リアクションを選択できます

App Store / macOS Sonoma インストール / セットアップ

Sonomaにアップグレードする

macOS Sonomaは、App Storeからダウンロードして、無償アップグレードできます。動作環境がmacOS Sonomaに対応している必要があるので、確認してからアップグレードしましょう。

アップグレードする前に現在のシステムをバックアップしておこう！

macOS Sonomaにアップグレードすると、これまでのアカウント情報やアプリ、OSに関するカスタマイズの情報は継承される一方、macOS Sonomaに対応していないアプリや各種ドライバによっては、不具合が生じる可能性があります。

アップグレードするユーザは、「Time Machine」を使って完全なバックアップを用意しておくことをおすすめします。Time Machineによるバックアップについては、Section 15-3「Time Machineでバックアップする」(307ページ) を参照してください。

⏻ Column

内蔵SDDはAPFSに変換される

SSDを内蔵しているMacをSonomaにアップグレードすると、ファイルシステムは無条件でAPFS (Apple File System) に変換されます。
なお、APFSに変換されても、通常操作はこれまでと変わりません。

⏻ Column

macOS Sonomaに必要な動作環境

iMac (2019以降)、iMac Pro (2017)、MacBook Air (2018以降)、MacBook Pro (2018以降)、Mac Pro (2019以降)、Mac Studio (2022以降)、Mac mini (2018以降)

※ダウンロードに際して、Apple IDが必要。また各種サービスプロバイダとの契約などインターネットに接続できる通信環境が必要

macOS Sonomaにアップグレードする

Dockから「App Store」を起動して、macOS Sonomaのインストーラをダウンロードし、アップグレードします。

→ POINT

お使いのMacのシステムを最新にしておきましょう。また、Time Machineでバックアップしておきましょう (307ページ参照)。

→ POINT

「システム設定」の「ソフトウェアアップデート」にある「今すぐアップグレード」をクリックしてもアップグレードできます。

クリックします

1.クリックします

次ページへつづく

2. 「sonoma」と入力して検索します

3. クリックします

4. クリックします

ソフトウェアアップデートが起動します

5. クリックします

ダウンロードしています

→ POINT

インストールを中止した場合には、Launchpad（229ページ参照）を開き、インストーラをダブルクリックすると、再度インストールを実行できます。

macOS Sonomaインストール

6. 「続ける」をクリックして、画面の指示に従ってインストールを開始してください

セットアップの項目について

再起動後に表示されるセットアップの項目は以下の通りです。ご使用になっているMacの環境によっては、内容が一部異なる場合があります。また、スキップしたあとで設定したり、変更できる項目もあります。

画面	内容	参照ページ
国または地域を選択	使用する場所（国）を選択します。	161ページ
VoiceOver（画面なし）	VoiceOverの使用について説明が再生されます。	338ページ

次ページへつづく

画面	内容	参照ページ
文字入力および音声入力の言語	優先する言語、キーボードからの入力方法、音声入力の言語を確認します。「設定をカスタマイズ」で変更できます。カナ入力は追加できます。	170ページ
アクセシビリティ	視覚、操作、聴覚、認知に対して、必要性に応じて調整できます。	338ページ
Wi-Fiネットワークを選択	Wi-Fiに接続します。あとからでも設定できるので、わからない場合は「続ける」をクリックします。	88ページ
データとプライバシー	データとプライバシーに関する表示です。読み終えたら、「続ける」をクリックします。	—
移行アシスタント	前に使用していたMac/PCやTime Machineバックアップから情報を転送します。使用しない場合やあとから移行する場合は「今はしない」をクリックします。	325ページ
Apple IDでサインイン	Appleのクラウドサービスを利用するApple IDでサインインします。「あとで設定」をクリックすると、ログイン後でも設定できます。	25ページ
利用規約（Apple IDをパス）	利用規約を読み、「同意する」をクリックします。	—
コンピュータアカウントを作成	Macを使用するユーザを作成します。ログインに使用する名前を「フルネーム」に入力します。アカウント名は自動で入るのでそのままでかまいません。パスワードを設定し、パスワードを忘れたときのヒントを入力してください。	296ページ
探す	Macを紛失した際に、地図上で位置を確認できる「探す」アプリを利用するためのApple IDが表示されます。「続ける」をクリックします。	279ページ
位置情報サービスを有効にする	位置情報サービスを使用するには、チェックをつけて「続ける」をクリックします。	32ページ
時間帯を選択	時間帯を選択します。位置情報を有効にした場合、「現在の位置情報に基づいて時間帯を自動的に設定」をチェックすると、自動で設定されます。	161ページ
解析	不具合発生時の状況をAppleとアプリのデベロッパに共有します。チェックをオフにしてもかまいません。	—
スクリーンタイム	Macの使用時間などを制限する場合に設定します。	86ページ
Siri	Siriを使うかを設定します。Siriを使う場合は、Siriの声や、自分の声を認識させる設定をします。	68ページ
Touch ID	Touch IDを登録します。	167ページ
外観モードの選択	外観モードを選択します。あとからでも設定できます。	63ページ

▶ **Section 1-5** | Magic Mouse / Magic Trackpad

マウスとトラックパッドを使う

ノート型Macにはマルチタッチトラックパッド「Magic Trackpad」が搭載されており、指による各種の操作が可能です。また、マウスも「Magic Mouse」では従来のクリックだけでなく、指による表面での操作が可能です。ここでは、Magic TrackpadとMagic Mouseの操作と名称を説明します。

Magic Mouseの操作

「Magic Mouse」の初期状態の操作を説明します。

▶ **クリック**

マウス全体を押す操作です。

Magic Mouseは全体がボタンになっているので、マウス全体を押すとクリックになります。

▶ **ダブルクリック**

マウス全体を2回連続で押す操作です。

▶ **スクロール**

マウスの表面を指で滑らせる操作です。

Safariやマップの表示は、1本の指を動かした方向に動きます。縦方向だけでなく横方向にも動くので、360°のスクロールが可能です。

▶ **スワイプ**

マウスの表面を指で払うように動かす操作を「スワイプ」といいます。

2本指で左右にスワイプすると、フルスクリーンアプリを切り替えられます。

▶ **ダブルタップ**

マウスの表面を指で軽くたたく操作を「タップ」といいます。

1回たたく操作をタップ、2回たたく操作を「ダブルタップ」といいます。

2本指でダブルタップすると、Mission Controlが起動します。

> → **POINT**
> Mission Controlは、42ページを参照してください。

⏻ **Column**

設定を変更するには

「システム設定」の「マウス」で他の操作も可能になります。141ページを参照してください。

⏻ **Column**

右クリックできるようにする

「システム設定」の「マウス」の「ポイントとクリック」で、「副ボタンのクリック」をオンにすると、右クリックが利用できるようになります。

トラックパッド／ Magic Trackpadの操作

トラックパッドや「Magic Trackpad」の初期状態の操作を説明します。

● 1本指の操作

▶クリック

トラックパッド全体を1本指で押しこむ操作を「クリック」といいます。

▶タップ

トラックパッドを1本指で軽くたたく操作を「タップ」といいます。

● 2本指の操作

▶クリック

2本指でクリック（トラックパッド全体を押しこむ）すると、`control` キーを押しながらクリックした操作（マウスの右ボタンをクリックした操作）となります。

▶スクロール

トラックパッド上を2本指で滑らせる操作です。

Safariやマップの表示は、指を動かした方向に動きます。縦方向だけでなく横方向にも動くので、360°のスクロールが可能です。

また、Safariで左にスクロールし続けると、表示しているページの前のページに戻ります。右にスクロールし続けると、元に戻ります。

▶ダブルタップ

トラックパッドを2本指でで軽く2回たたく操作を「ダブルタップ」といいます。

ダブルタップすると、Safariなどの対応アプリでは画面がズームイン／ズームアウトします。

▶ピンチイン／ピンチアウト

トラックパッド上を2本の指先を広げたり狭めたりすると、プレビューやマップなどで、表示を拡大・縮小できます。

▶回転

トラックパッド上で開いた2本の指を回転させると、プレビューなどの対応アプリでは画像が回転します。

▶右端から左にスワイプ

トラックパッド上を指で払うように動かす操作を「スワイプ」といいます。

トラックパッドの右端から左に向かってスワイプすると、通知センターを表示できます。

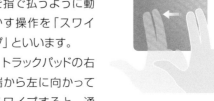

● 3本指の操作

▶ タップ

トラックパッドを指で軽くたたく操作を「タップ」といいます。

テキスト上を3本指でタップすると、タップした箇所の意味を辞書で調べられます。

▶ 左右にスワイプ

トラックパッド上を3本指で左右に払うように動かします。

フルスクリーン表示しているアプリを切り替えます。

> **→ POINT**
> フルスクリーン表示は、41ページを参照してください。

▶ 上にスワイプ

トラックパッド上を3本指で上に払うように動かします。

Mission Controlが起動します。

> **→ POINT**
> Mission Controlは、42ページを参照してください。

▶ ピンチイン

親指と他の3本指で指先を狭める操作（ピンチイン）すると、Launchpadが起動します。

▶ ピンチアウト

親指と他の3本指で指先を広げる操作（ピンチアウト）すると、デスクトップを表示できます。

⏻ Column

設定を変更するには

「システム設定」の「トラックパッド」ウインドウで他の操作や動きの変更も可能になります。142ページを参照してください。

▶ **Section 1-6** 🍎メニュー ▶「このMacについて」

Macの情報を表示する/名称を変更する

トラブル時など、自分のMacの機種名やOSのバージョンを聞かれることがあります。自分の使っているMacの機種名などの情報はMacで表示できます。地味な機能ですが、覚えておきましょう。

01 「このMacについて」を選択

アップルメニューから「このMacについて」を選択します。

選択します

02 概要が表示される

ウインドウが表示され、OSのバージョンや使用しているMacの機種名、プロセッサ（CPU）、搭載しているメモリ容量、起動ディスク、グラフィックス（ビデオボード）、シリアル番号が表示されます。
さらに詳細な情報を知りたいときは、「詳細情報」をクリックします。

Macの機種名が表示されます。「MacBook Pro」「MacBook Air」などの機種名だけでなく、画面サイズやリリースされた年月も表示されます

「詳細情報」で詳細な情報を表示できます

CPUの種類が表示されます

搭載しているメモリ容量が表示されます

シリアル番号が表示されます

OSのバージョンが表示されます

クリックして、名称を変更できます

Chapter 1

Chapter 3

Chapter 4

> **Section 1-7**　「システム設定」▶「サインイン」/ 2ファクタ認証

Apple IDについて

Apple IDは、Macでクラウドサービスを利用するのに必要なIDで無償で登録できます。また、iTunes Storeでコンテンツを購入する際にもApple IDが必要となります。

Apple IDとは

Apple IDは、Appleのさまざまなサービスにサインインする時に使うアカウントのことです。

音楽配信のiTunes Store、アプリケーションを購入するApp Storeなど、アップルが提供するクラウドサービスを利用するには、Apple IDが必要となります。

また、MacからApple IDでサインインすると、iCloudが利用できるようになり、メールや連絡先などの情報をMacやiPhone/iPad、Windowsパソコンで共有できます。

Apple IDにサインインしよう

Apple IDにサインインすれば、iPhoneなどのデータ連係や、Macのログインパスワードを忘れてしまっても復旧できるなどの大きなメリットがあります。サインインして使用することを推奨します。

・他のiPhoneやiPadなどと同じApple IDを利用する

iCloudによるデータ共有など、利用している他のApple製品と同じApple IDを使うようにしましょう。

・パスワードを忘れないようにする

Apple IDのパスワードを忘れると、iTunes StoreやApp Storeにサインインできないなど、Apple IDとパスワードは、Appleのサービスを利用するうえで大変重要なものなので、忘れないようにしてください。

・Macのアカウント (ログインID/パスワード) とは別のもの

Apple IDは、Macのアカウントとは別のものです。Apple IDはAppleの各種サービスを利用するためのアカウント (IDとパスワード) で、MacのアカウントはMacにログインするためのIDとパスワードです。

Apple IDにサインインする

「システム設定」でサインインします。

01 Apple IDを入力する

Dockやアップルメニューから「システム設定」を起動し、メールまたは電話番号を入力してから、「続ける」ボタンをクリックします。

> **→ POINT**
> 「サインイン」の箇所に「Apple ID」と表示されている場合は、すでにサインインしています。

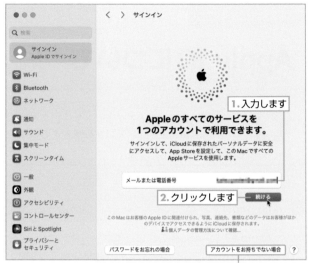

Apple IDを持っていない場合は、クリックして作成できます

02 Apple IDのパスワードを入力

Apple IDのパスワードを入力して、「続ける」ボタンをクリックします。

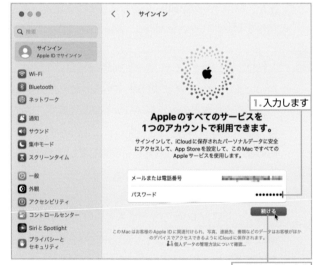

> **→ POINT**
> iCloudのサインインに2ファクタ認証（28ページを参照）が設定されていない場合、2ファクタを設定するかどうかのダイアログボックスが表示されます。
> 設定する場合は「続ける」ボタンをクリックして、画面の指示に従ってください（27ページの03以降を参照）。
> 設定しない場合は「その他のオプション」ボタンをクリックして、次に表示される画面で「アップグレードしない」ボタンをクリックします。

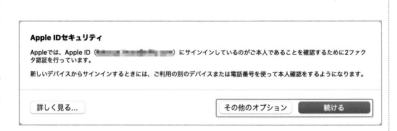

03　確認コードを入力

2ファクタ認証（次ページ参照）を使用している場合は、この画面が表示されるので、登録した携帯電話や、他のサインインしているiPhone/iPad、Macに通知された確認コードを入力して、「続ける」ボタンをクリックします。

04　パスワードを入力

Macのログインパスワードを入力して、「続ける」ボタンをクリックします。

05　iCloudと結合するか選択する

Macに保存されているカレンダーとSafariのデータをiCloudを使って共有するために結合するかを選択します。あとからでも結合できます。

06　「Macを探す」の許可を選択する

位置情報機能を使って、「Macを探す」を有効にするには「許可」をクリックします。

07　ログインパスワードを入力する

「Macを探す」を利用するために、ログインパスワードを入力します。

08 サインインした

サイン後の「Apple ID」画面では、設定項目を選択して設定できます。

ユーザ名のアイコンにマウスカーソルを重ねると、「編集」と表示されるので、クリックすると画像を選択できます。デフォルト画像以外に、「写真」アプリで管理している画像や「Photo Booth」で撮影した画像が選択できます。また、カメラでも画像を撮影できます

「個人情報」
Apple IDに登録している名前、生年月日、メールアドレスが表示され、変更できます

「サインインとセキュリティ」
Apple IDのパスワードや、2ファクタ認証（下記参照）の確認コードを送信する電話番号を管理します

「お支払いと配送先」
iTunes StoreをはじめとするApple IDを使っての購入に利用する支払方法（クレジットカード）や、配送先住所を管理できます

「iCloud」
iCloudで共有する項目を管理します

「メディアと購入」
App Storeやブックストアでのコンテンツ購入時のパスワードの入力方法を選択します

「ファミリー共有」
iCloudで共有するコンテンツやiTunes Store/App Store/iBook Storeで購入したコンテンツを家族で共有できます

同じApple IDを使用しているMac、iPhone、iPadが表示されます

サインアウトするにはクリックします　　　Apple IDの概要が表示されます

⏻ **Column**

2ファクタ認証とは

2ファクタ認証とは、Apple IDにサインインする際に、パスワードだけでなく、携帯電話のショートメッセージ（または電話の音声）で通知された確認コードを入力する認証方式のことです。
Apple IDのパスワードが他人に知られても、自分の携帯電話や固定電話への通知が必要なため、本人以外はアクセスできないようにする仕組みです。セキュリティ強化のため2ファクタ認証を有効にすることをおすすめします。

iCloudを使って共有する項目を設定する

「システム設定」の「Apple ID」を選択し、「iCloud」をクリックします。iCloudで共有できる項目がリスト表示されるので、共有する項目にはチェックしてください。

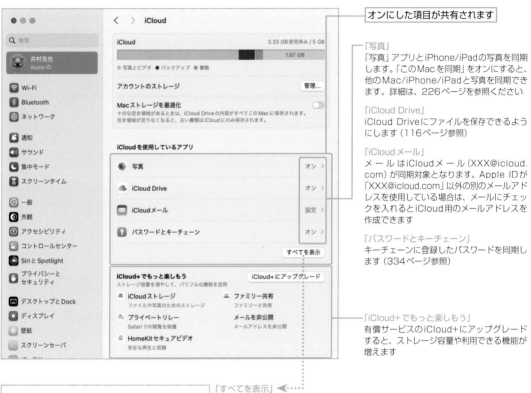

オンにした項目が共有されます

「写真」
「写真」アプリとiPhone/iPadの写真を同期します。「このMacを同期」をオンにすると、他のMac/iPhone/iPadと写真を同期できます。詳細は、226ページを参照ください

「iCloud Drive」
iCloud Driveにファイルを保存できるようにします（116ページ参照）

「iCloudメール」
メールはiCloudメール（XXX@icloud.com）が同期対象となります。Apple IDが「XXX@icloud.com」以外の別のメールアドレスを使用している場合は、メールにチェックを入れるとiCloud用のメールアドレスを作成できます

「パスワードとキーチェーン」
キーチェーンに登録したパスワードを同期します（334ページ参照）

「iCloud+でもっと楽しもう」
有償サービスのiCloud+にアップグレードすると、ストレージ容量や利用できる機能が増えます

「すべてを表示」
ボタンをクリックすると、他のiCloudを使用しているアプリをすべて表示し、オン／オフを設定できます

「メモ」「連絡先」「iCloudカレンダー」「リマインダー」
それぞれのアプリで入力したデータをiCloudに保存し、iPhone/iPadと同期します

「Macを探す」
「探す」アプリでMacの所在地を地図上で確認できます。「探す」については、279ページを参照ください

「Safari」
ブックマーク等を同期します

⏻ Column

Apple IDのセキュリティ

Apple IDでサインインすると、さまざまなメリットがあります。またSonomaでは、MacとApple IDはリンクされてアクティベーションされるため、Apple IDとパスワードは重要な情報となっています。Apple IDアカウントとパスワードは忘れないでください。

Appleでは、Apple IDアカウントのセキュリティ強化として、信頼できるAppleデバイスを所有している信頼できる人（家族など）を登録しておき、Apple IDアカウントを復旧するために手伝ってもらうことができます。また、復旧キーを設定しておき、自ら復旧キーを利用してApple IDアカウントを復旧することもできます（ただし復旧キーを設定すると、他のアカウント復旧は利用できなくなります）。

「システム設定」の「Apple ID」を選択し、「サインインとセキュリティ」をクリックします。「アカウントの復旧」の「設定」をクリックします。アカウントの復旧についての設定画面が表示されます。AppleのWebサイトなどでアカウントの復旧についての説明を読んで必要なら設定してください。

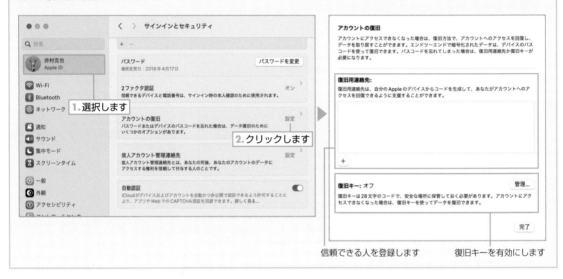

信頼できる人を登録します　　　　復旧キーを有効にします

⏻ Column

iCloud、iCloud+とは

iCloudはアップル社が提供するクラウドサービスで、画像ファイルやカレンダー、連絡先などの情報をアップロードして、iPhoneやiPad、他のMacと情報を共有できる機能です。
iCloud+とはiCloudの有償サービスで、月額130円（50GBのストレージ付き）から利用できます。ストレージ容量が増えるだけでなく、強化されたセキュリティ機能なども利用できるようになります。

▶ **Section 1-8**　　「システム設定」▶「Apple ID」▶「iCloud」ウインドウ▶「パスワードとキーチェーン」

iCloud キーチェーンを使う

MacとiPhone/iPadを両方利用していると、Wi-Fi接続やWebで使用するIDとパスワード、クレジットカード番号などをそれぞれ入力することになります。iCloudキーチェーンを使うと、これらのIDやパスワード情報をiCloudで保存し、Mac/iPad/iPhoneのデバイス間で同期して最新の状態で利用できます。

Macで iCloud キーチェーンを設定する

MacでiCloudキーチェーンの設定をするには、「システム設定」の「Apple ID」で設定します。

01 「iCloud」を表示する

Dockやアップルメニューから「システム設定」を起動し、「Apple ID」を選択して「iCloud」をクリックします。

02 「パスワードとキーチェーン」をオン

リストにある「パスワードとキーチェーン」をオンにします。オンになっている場合は、そのままでかまいません。

> ➡ **POINT**
>
> iCloudキーチェーンを使うには、「Apple ID」にサインインしている必要があります。

> ➡ **POINT**
>
> iCloudキーチェーンを使うには、2ファクタ認証（28ページ参照）が必要となります。
> 2ファクタ認証していないMacでは「アカウントのセキュリティをアップグレード」が表示されるので、「続ける」ボタンをクリックして2ファクタ認証を有効にしてください。

　「システム設定」▶「プライバシーとセキュリティ」▶「位置情報サービス」

アプリでの位置情報の使用を許可する／禁止する

 位置情報サービスは、Wi-Fiでのアクセス位置などから現在のMacの使用位置を特定するサービスで、マップなどのアプリと連係して利用されます。位置情報を使用したくない場合、「システム設定」の「プライバシーとセキュリティ」の「位置情報サービス」で設定します。アプリケーションごとの有効／無効も設定できます。

位置情報サービスの許可／禁止の設定

01 「システム設定」から「プライバシーとセキュリティ」を選択

Dockやアップルメニューから「システム設定」を起動し、「プライバシーとセキュリティ」をクリックします。
「位置情報サービス」をクリックします。

位置情報サービスを利用したアプリケーションの利用を許可する場合オンにします。iCloudの「Macを探す」（279ページ参照）でも利用されます

02 位置情報サービスを許可するアプリを設定する

「位置情報サービス」で、有効／無効を設定します。
有効の場合、アプリごとに有効／無効を設定できます。

過去に位置情報サービスの利用を許可したアプリケーションがリスト表示されます。オフにすると利用できなくなります。
24時間以内に位置情報を要求したアプリケーションの右側に◀が表示されます

▶ Section 1-10 　「システム設定」▶「プライバシーとセキュリティ」▶「FileVault」

ディスクを暗号化する

macOSでは、ディスクを暗号化してデータのセキュリティを高めることができます。暗号化は、「システム設定」の「プライバシーとセキュリティ」の「FileVault」で設定します。

01 「FileVault」をオンにする

Dockやアップルメニューから「システム設定」を起動して、「プライバシーとセキュリティ」をクリックします。画面を下にスクロールして、「FileVault」をクリックします。
次の画面で「オンにする」をクリックします。

02 ロックを解除する

ログインパスワードを入力して、「ロックを解除」をクリックします。

> **→ POINT**
> FileVaultの設定は、管理者ユーザである必要があります。

> **→ POINT**
> 暗号化したディスクにログインする場合は、必ずログインパスワードが必要になります。

03 iCloudアカウントを使うか選択する

パスワードを忘れた場合の復旧方法として、iCloudアカウントを利用するかを選択します。ここでは自分で保管するので、「復旧キーを作成して、iCloudアカウントは使用しない」を選択して、「続ける」ボタンをクリックします。

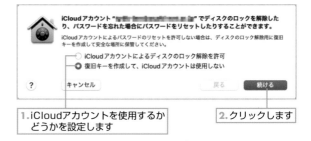

1. iCloudアカウントを使用するかどうかを設定します

2. クリックします

04 復旧キーをメモする

FileVaultをオンにすると、復旧キーが表示されます。このキーは、ディスクにアクセスするためのログインパスワードを忘れた場合に必要となるので、メモするなどして大事に保管してください。

1. メモして保管します

2. クリックします

> **→ POINT**
> 再起動のポップアップが表示されたら、「再起動」をクリックしてください。

05 暗号化される

暗号化したディスクにログインする場合は、ログインパスワードが必要になります。

クリックすると暗号化をオフにします

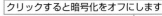

デスクトップとFinder

Macの起動後に表示されるデスクトップとFinderは、Macを使う上で基本となるものです。Finderウインドウの表示方法などを覚えて、スマートに格好良くMacを使えるようになりましょう。

▶ Section 2-1 Finderウインドウ/「最近の項目」/「新規Finderウインドウ」/「新規タブ」

Finderでファイルを見る

 Finderウインドウは、Mac内に保存されている画像やテキストなどのデータを表示するウインドウです。ファイルのコピーや移動などの操作は、Finderウインドウで行います。

1つめのFinderウインドウを開く

1つめのFinderウインドウを開くには、Dockにある「Finder」をクリックします。

01 Dockの「Finder」をクリック

Dockの「Finder」をクリックします。

クリックします

02 Finderウインドウが開く

Finderウインドウが開き、「最近の項目」が表示されます。左側にはサイドバーが表示されます。よく使うフォルダなどが表示されます。
表示する項目は、変更できます（49ページ参照）。
項目の並び順は、ドラッグで変更できます。

サイドバー

Finderウインドウが開き、「最近の項目」が表示されます

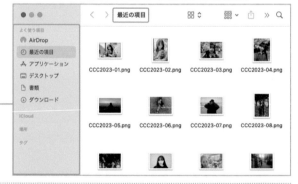

> **→ POINT**
>
> ウインドウ上部のグレーの部分をドラッグすると、ウインドウを移動できます。

> **→ POINT**
>
> 「最近の項目」には、初期設定ではMacの中に保存されているすべてのファイルが表示されます。
> 表示したくないフォルダやファイルは、「システム設定」の「SiriとSpotlight」を選択し、右画面の最下部に表示された「Siriからの提案、検索とプライバシーについて」をクリックして、非表示にする項目を設定します。

非表示に設定したフォルダ

クリックして非表示にする
ファイル・フォルダを設定

新しいFinderウインドウを開く

すでにFinderウインドウが表示されていると、Dockから「Finder」をクリックしても、アプリケーションが切り替わりFinderに戻るだけで、新しいFinderウインドウは表示されません。

新しいFinderウインドウを開くには、メニューバーに「Finder」と表示された状態で「ファイル」メニューから「新規Finderウインドウ」を選択します。

01 「新規Finderウインドウ」を選択

「ファイル」メニューから「新規Finderウインドウ」を選択します。

新規Finderウインドウを開く
⌘ + N

02 2つめのFinderウインドウが開く

2つめのFinderウインドウが開きました。

タブで新しいFinderウインドウを開く

Sonomaでは、1つのウインドウに新規タブを作成して、タブを切り替えることで複数のウインドウを表示できます。

01 「新規タブ」を選択

メニューバーの「ファイル」メニューから「新規タブ」を選択します。

02 Finderウインドウに タブが追加される

Finderウインドウに新しいタブが追加されました。タブは、複数個作成できます。タブ部分をクリックして表示を切り替えられます。

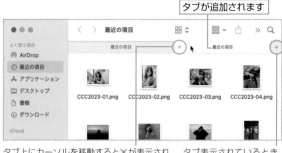

タブが追加されます

ShortCut

新規タブを追加	タブを閉じる	タブを切り替える
⌘ + T	⌘ + W	control + tab

タブ上にカーソルを移動すると×が表示され、クリックするとタブを閉じます

タブ表示されているとき、ここをクリックしてタブを追加できます

⏻ **Column**

アクションメニューから新しいタブを開く

ツールバーの ⊖⌄ をクリックして「新規タブで開く」を選択しても、新しいタブを追加できます。
フォルダを選択して「新規タブで開く」を選択すると、選択したフォルダをタブで開けます。

選択します

⏻ **Column**

Finderウインドウの初期表示を変更する

Finderウインドウでは最初に「最近の項目」が表示されますが、他のフォルダを表示するように変更できます。
「Finder」メニューから「設定」を選択して「Finder設定」ウインドウの「一般」タブを表示します。「新規Finderウインドウで次を表示」のプルダウンメニューから表示するフォルダを選択します。

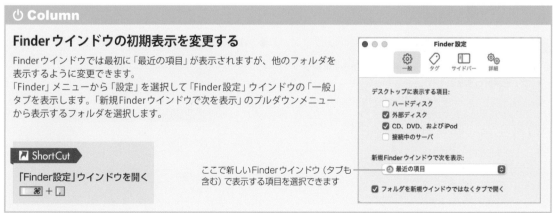

ShortCut

「Finder設定」ウインドウを開く
⌘ + ,

ここで新しいFinderウインドウ（タブも含む）で表示する項目を選択できます

▶ **Section 2-2**　Finderウインドウ／「閉じる」ボタン／「しまう」ボタン

Finderウインドウの大きさや場所を変更する

Finderウインドウは大きさを変更できます。また、ドラッグして表示位置を自由に移動・変更できます。ウインドウが邪魔な場合は、Dockにしまって非表示にもできます。モニタの大きさに合わせて、使いやすい大きさや場所で使いましょう。

ドラッグで大きさを変更する

　　Finderウインドウのエッジ部分にカーソルを移動するとカーソルの形状が変わり、ドラッグすると大きさを変更できます。

01 カーソルをウインドウの
エッジに合わせる

カーソルをウインドウのエッジに移動します。カーソルの形状が変わります。

カーソルをエッジに合わせます

02 ドラッグして大きさを変更

ドラッグして大きさを変更します。

ドラッグして大きさを変更します

> **POINT**
> 左右のエッジをドラッグすると幅だけが変わり、上下のエッジをドラッグすると高さだけが変わります。

> **POINT**
> ウインドウによっては、最小サイズが決まっていて、ドラッグしてもそれ以上小さくなりません。

> **POINT**
> ウインドウ左上のをクリックすると、ウインドウを最大化できます。

⏻ Column

アプリのウインドウも同じです

ここではFinderウインドウで説明していますが、アプリのウインドウでも同様に操作できます。

ウインドウの場所を変更する

　ウインドウ上部をドラッグすると、ウインドウを移動できます。

ウインドウをDockにしまう

　ウインドウ左上に表示された ● をクリックすると、ウインドウがDockに収納され、一時的に非表示になります。

01 ● をクリック

ウインドウ左上に表示された ● をクリックします。

02 Dockに収納される

Dockの右側に収納されます。クリックすると、再表示できます。

ShortCut

ウインドウをDockにしまう
⌘ + M

Dockに収納されます。
クリックすると再表示できます

ウインドウを閉じる

　ウインドウの左上にある ⊗ をクリックすると、表示しているウインドウが閉じます。

⏻ Column

アプリのウインドウを閉じる際の注意

アプリには、ウインドウを閉じるとアプリが終了するもの（「メモ」や「連絡先」など）と、ウインドウだけが閉じてアプリはそのまま起動しているもの（「カレンダー」や「ミュージック」など）があります。そのまま起動しているアプリは、目に見えない状態ですがメモリを消費するので、アプリのメニューから「終了」（⌘ + Q）を選択してください。
アプリの切り替えについては、42ページを参照してください。

Chapter 2

▶**Section 2-3**　フルスクリーン表示

ウインドウを画面全体に表示する
（フルスクリーン表示）

 フルスクリーン表示は、モニタサイズいっぱいにFinderウインドウやアプリの画面を表示することをいいます。macOS Sonomaでは、多くの標準アプリがフルスクリーン表示に対応しています。

フルスクリーン表示する

01 ◉をクリックする

ウインドウ左上にある◉をクリックします。表示されたメニューの「フルスクリーンにする」を選択してもかまいません。

クリックします

02 フルスクリーン表示になる

フルスクリーン表示になりました。
画面上部にカーソルを移動すると、メニューバーを表示できます。メニューバーを表示後、グレー部分をクリックするとフォルダ名が表示され、左上にある●をクリックすると、元のサイズの表示に戻ります。

カーソルを画面上部に移動すると、メニューバーが表示されます

→ POINT

esc キーを押しても、元のサイズに戻せます。

クリックすると、元のサイズの表示に戻ります

⏻ Column

他のアプリと切り替え

フルスクリーン表示した状態で、画面下部にカーソルを移動するとDockが表示され、他のアプリに切り替えられます。
また、トラックパッド対応のMacでは、3本指で左右にスワイプするとフルスクリーン表示しているアプリを切り替えられます。

→ POINT

同時に2つのアプリをフルスクリーン表示する方法については、44ページを参照してください。

画面下部にカーソルを移動するとDockが表示され、他のアプリに切り替えられます

▶**Section 2-4**　「システム設定」▶「デスクトップとDock」▶「Mission Control」/ Split View

アプリやデスクトップを切り替える
（Mission ControlとSplit View）

 Mission Controlを使用すると、開いているすべてのウインドウやアプリ、デスクトップを一覧表示できます。ウインドウやアプリを切り替えるだけでなく、作業環境に合わせて複数のデスクトップを用意して切り替えることもできます。

01 Launchpadで「Mission Control」をクリック

Launchpad（229ページ参照）で「Mission Control」をクリックします。

クリックします

🎹 ShortCut

Mission Controlを起動する

`control` + `↑`

3本指で上にスワイプ
2本指でダブルタップ（Magic Mouse 使用時）

02 アプリまたはウインドウをクリック

前面に表示したいアプリまたはウインドウをクリックして選択します。
画面上部には、フルスクリーン状態や他のデスクトップの名称が表示されます。

03 デスクトップを切り替える

Mission Control表示中に画面上部にカーソルを移動すると、デスクトップやフルスクリーン表示しているアプリのサムネールが表示されます。クリックして、切り替えたいデスクトップ表示やアプリを選択します。

アプリまたはウインドウ
をクリックします

→ POINT

選択したウインドウを画面上部のほかのデスクトップにドラッグすると、そのデスクトップで表示されます。

🎹 ShortCut

デスクトップを切り替える

3本指で左右にスワイプ（トラックパッド使用時）
2本指で左右にスワイプ（Magic Mouse 使用時）

いずれか選択します

画面上部でフルスクリーン表示している
アプリやデスクトップを選択できます

⏻ Column

新しいデスクトップを作る

Mission Control表示中に、カーソルを画面右上に移動すると表示されるデスクトップ追加ボタンをクリックすると、新しいデスクトップが追加されます。
現在表示中のアプリのウインドウまたはアプリアイコンを作成したデスクトップにドラッグすると、新しいデスクトップで表示できます。

クリックします

● 「システム設定」の「Mission Control」

Mission Controlの詳細は、「システム設定」の「デスクトップとDock」を選択し、「Mission Control」で設定できます。

使用状況に基づいて操作スペースを並び替えます

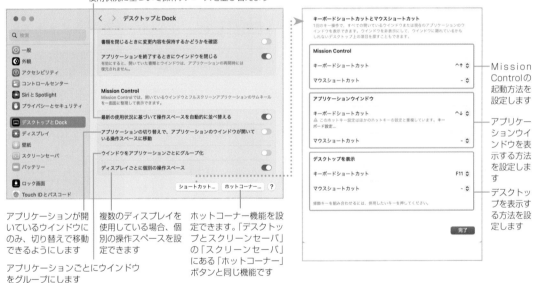

Mission Controlの起動方法を設定します

アプリケーションウインドウを表示する方法を設定します

デスクトップを表示する方法を設定します

アプリケーションが開いているウインドウにのみ、切り替えで移動できるようにします

アプリケーションごとにウインドウをグループにします

複数のディスプレイを使用している場合、個別の操作スペースを設定できます

ホットコーナー機能を設定できます。「デスクトップとスクリーンセーバ」の「スクリーンセーバ」にある「ホットコーナー」ボタンと同じ機能です

⏻ Column

アプリを切り替える

⌘ + tab キーを押して現在使用中のアプリの一覧を表示し、使用するアプリを切り替えることができます。

使用するアプリを選択します

⌘ + tab キーを押したまま、
アイコンをクリックしても切り替えられます

フルスクリーンを同時に表示する（Split View）

01 ●にマウスカーソルを置き メニューを選択

フルスクリーン表示するアプリを選択し、●にマウスカーソルを置き、メニューから表示方法を選択します。

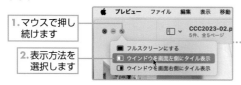

1. マウスで押し続けます
2. 表示方法を選択します

02 もう一方のアプリを選択

アプリが指定した側にフルスクリーン表示状態になるので、反対側に表示するアプリをクリックして選択します。

1. アプリがフルスクリーン表示になります

2. 右側に表示するアプリをクリックして選択します

03 同時表示になった

フルスクリーンアプリが1つの画面に同時表示されます。ドラッグして左右位置を変更、分割線をドラッグして表示サイズを変更できます。

フルスクリーンアプリが同時に2つ表示されます

> **POINT**
>
> 3本指で左右にスワイプすると、デスクトップやフルスクリーンアプリを切り替えられます。

> **POINT**
>
> Mission Controlの上部で、すでにフルスクリーン表示しているアプリのサムネールをドラッグして重ねると、同時表示にできます。

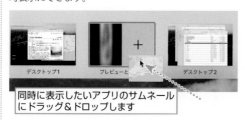

同時に表示したいアプリのサムネールにドラッグ＆ドロップします

⏻ Column

元に戻す

通常のフルスクリーンと同様に、アプリの●をクリックするか esc キーを押して解除してください。もう一方のアプリはフルスクリーンのままとなります。

▶ Section 2-5

ハードディスク / ホームフォルダ / ユーザフォルダ / 「移動」メニュー / パスバー / ステータスバー

フォルダの構成

Macを使う上で、知っておきたいのがフォルダの構成です。Macの中には、OSのデータ、アプリのデータ、自分で作成したり取り込んだりした画像などのデータが保存されています。これらのデータが、どこに入っているかを覚えておきましょう。

ファイルとフォルダ

Macの内蔵ディスクには「ファイル」が保存されています。

ファイルには、「写真などの画像ファイル」「アプリで作成した文書ファイル」など自分で作成したデータや、「Macを動作させるためのmacOSの構成ファイル」「アプリを動作させるためのプログラムファイル」などMacを動かすためのOSやアプリのデータもあります。OSのファイルはかなりの数になります。

ファイルは、管理しやすいように「フォルダ」という入れ物に保存されています。

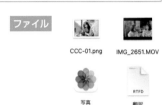

ファイル
CCC-01.png　IMG_2651.MOV
写真　翻訳

フォルダ
202310Folder

フォルダの内容を表示する

「移動」メニューを使うと、よく使うフォルダをすばやく表示できます。

フォルダの内容を表示するには、アイコンをダブルクリックします。

内容を表示すると、ネットワークに接続された他のMacやPCが表示されます

選択します

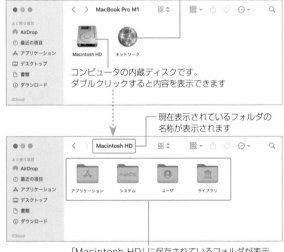

コンピュータの内蔵ディスクです。ダブルクリックすると内容を表示できます

現在表示されているフォルダの名称が表示されます

「Macintosh HD」に保存されているフォルダが表示されます。ダブルクリックして中身を表示できます

⏻ Column

サイドバーからフォルダを表示する

Finderウインドウのサイドバーの「アプリケーション」「デスクトップ」「書類」「ダウンロード」をクリックすると、該当する各フォルダを表示できます。
サイドバーの表示項目は変更できます。49ページを参照してください。

フォルダの構造

　内蔵ディスクは下図のような構造になっており、Macを動かすのに必要なデータがフォルダごとに保存されています。ユーザが作成したり取り込んだりした画像データなどは、「ユーザ」フォルダの下のホームフォルダ内に保存されます。

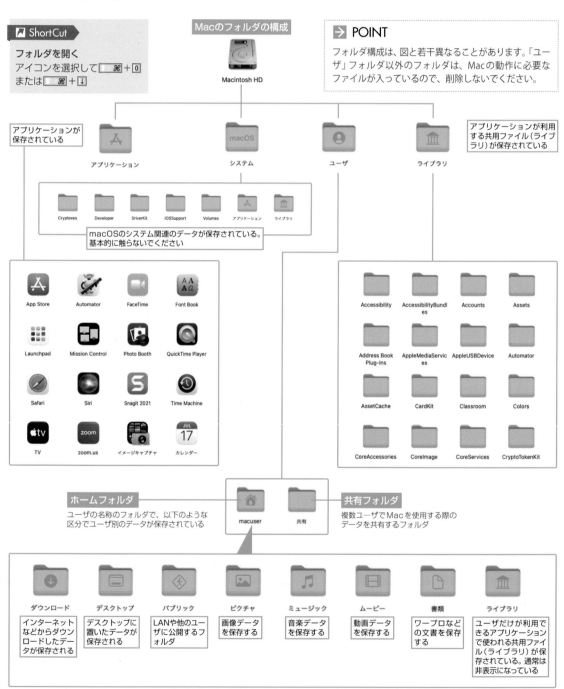

ShortCut

フォルダを開く
アイコンを選択して　⌘ + O
または　⌘ + ↓

Macのフォルダの構成

Macintosh HD

POINT
フォルダ構成は、図と若干異なることがあります。「ユーザ」フォルダ以外のフォルダは、Macの動作に必要なファイルが入っているので、削除しないでください。

アプリケーションが保存されている

アプリケーションが利用する共用ファイル(ライブラリ)が保存されている

アプリケーション　　システム　　ユーザ　　ライブラリ

Cryptexes　Developer　DriverKit　iOSSupport　Volumes　アプリケーション　ライブラリ

macOSのシステム関連のデータが保存されている。基本的に触らないでください

App Store　Automator　FaceTime　Font Book
Launchpad　Mission Control　Photo Booth　QuickTime Player
Safari　Siri　Snagit 2021　Time Machine
TV　zoom.us　イメージキャプチャ　カレンダー

Accessibility　AccessibilityBundles　Accounts　Assets
Address Book Plug-Ins　AppleMediaServices　AppleUSBDevice　Automator
AssetCache　CardKit　Classroom　Colors
CoreAccessories　CoreImage　CoreServices　CryptoTokenKit

ホームフォルダ
ユーザの名称のフォルダで、以下のような区分でユーザ別のデータが保存されている

macuser　　共有

共有フォルダ
複数ユーザでMacを使用する際のデータを共有するフォルダ

ダウンロード　デスクトップ　パブリック　ピクチャ　ミュージック　ムービー　書類　ライブラリ

ダウンロード	デスクトップ	パブリック	ピクチャ	ミュージック	ムービー	書類	ライブラリ
インターネットなどからダウンロードしたデータが保存される	デスクトップに置いたデータが保存される	LANや他のユーザに公開するフォルダ	画像データを保存する	音楽データを保存する	動画データを保存する	ワープロなどの文書を保存する	ユーザだけが利用できるアプリケーションで使われる共用ファイル(ライブラリ)が保存されている。通常は非表示になっている

→ **POINT**

macOS Catalina 以降、起動用システムは「Macintosh HD」、アプリやデータは「Macintosh HD - Data」という2つのボリュームが使用されています。Finderからは「Macintosh HD」だけが見え、特に2つのボリュームに分かれていると気にすることもなく、従来通りに使用できるようになっています。

⏻ **Column**

ユーザライブラリを表示する

ユーザフォルダ内の「ライブラリ」フォルダは、初期設定では表示されないので、内容を表示できません。「移動」メニューを option キーを押しながら表示すると「ライブラリ」が表示され、ユーザフォルダ内の「ライブラリ」フォルダを表示できます。

また、ホームフォルダを表示してから「表示」メニューの「表示オプションを表示」（ ⌘ + J ）を選択し、表示されたウインドウの「"ライブラリ"フォルダを表示」をオンにすると、常に「ホーム」フォルダ内の「ライブラリ」フォルダが表示されます。

「移動」メニューを option キーを押して表示すると「ライブラリ」が表示され、ユーザフォルダ内の「ライブラリ」フォルダを表示できます

オンにすると、常に「ホーム」フォルダ内の「ライブラリ」フォルダが表示されます

パスバーやステータスバーを表示する

「表示」メニューの「パスバーを表示」（ option + ⌘ + P キー）を選択すると、Finderウインドウの下部に現在のフォルダの階層を表示できます。

また、「表示」メニューの「ステータスバーを表示」（ ⌘ + / キー）を選択すると、フォルダ内のファイル／フォルダの数や、ディスクの空き容量を表示するステータスバーを表示できます。ステータスバーではアイコンサイズをスライダで変更できます。

現在の階層を表示するパスバーです

ステータスバーには、ファイルやフォルダの数やディスクの空き領域が表示されます

アイコンのサイズを変更できます

⏻ Column

フォルダ名から現在の階層を知る

Finderウインドウのフォルダ名を ⌘ キーを
押しながらクリック（右クリックでも可）する
と、現在のフォルダの上位フォルダがすべて
表示されます。そのままクリックして、フォル
ダを移動することもできます。

また、option キーを押し続けると、ウインドウ
下部に現在のフォルダ階層を表示できます。

⌘ キーを押しながらクリック

option キーを押し続けるとウインドウ下部に表示される

▶**Section 2-6**　「Finder」メニュー ▶「設定」/「ファイル」メニュー ▶「サイドバーに追加」

サイドバーを使いこなす

Finderウインドウのサイドバーには、書類やデスクトップなど、よく使う項目がデフォルト
で表示されています。この表示項目も使いやすく変更できます。

サイドバーに表示する項目を変更する

「Finder」メニューから「設定」を選択します。「Finder設定」ウインドウの「サイドバー」タブをクリックして表示し、サイドバーに表示する項目にチェックします。

2. クリックします

3. チェックします

Finder 設定

一般　タグ　サイドバー　詳細

サイドバーに表示する項目:

よく使う項目
- ☑ ⏱ 最近の項目
- ☑ ⦿ AirDrop
- ☑ 𝋏 アプリケーション
- ☑ 🖥 デスクトップ
- ☑ 📄 書類
- ☑ ⬇ ダウンロード
- ☐ 🎬 ムービー
- ☑ ♫ ミュージック
- ☑ 🖼 ピクチャ
- ☐ 🏠 macuser

iCloud
- ☑ ☁ iCloud Drive
- ☑ 🗂 共有

場所
- ☐ 💻 MacBook Pro M1
- ☑ 🖴 ハードディスク
- ☑ 💾 外部ディスク
- ☑ 💿 CD、DVD、およびiOSデバイス
- ☑ ☁ クラウドストレージ
- ☑ 🖧 Bonjourコンピュータ
- ☑ 🖥 接続中のサーバ

タグ
- ☑ ◎ 最近使ったタグ

— 最近使ったデータがすべて表示されます

— 近くにいるMacやiPhone/iPadとデータをやり取りするのに使います（288ページ参照）

— 「アプリケーション」フォルダを表示します

— デスクトップに置いたファイルやフォルダを表示します

— ユーザフォルダ内の各フォルダを表示します

— ユーザフォルダを表示します

— iCloud Driveを表示します（116ページ参照）。iCloudにサインインしていないときは、「場所」の中に表示されます

— Mac本体を表示します。接続しているディスクや、ネットワーク接続しているコンピュータがすべて表示されます

— 内蔵ディスクが表示されます

— Macに接続した外付けディスクが表示されます

— CD、DVD、iOSデバイスが表示されます

— 使用しているクラウドストレージが表示されます

— LANに接続しているMacやPCなどのコンピュータを表示します

— 接続しているサーバを表示します

— タグが表示されます

🍎 **Finder** ファイル 編集 表示

Finder について

設定...　⌘ ,

ゴミ箱を空にする...　⇧⌘⌫

サービス　▶

Finder を非表示　⌘H

ほかを非表示　⌥⌘H

すべてを表示

1. 選択します

🖼 **ShortCut**

「Finder設定」
ウインドウを表示する

⌘ + .

> ➜ **POINT**
>
> 「外部ディスク」や「CD、DVDおよびiOSデバイス」などは、Macに接続したり装着したときなどに表示されます。

4. サイドバーの表示項目
   が変わりました。
   ドラッグして表示位置
   を変更できます

ドラッグして表示する幅を
調整できます

⏻ Column

分類を一時的に非表示にする

サイドバーの分類名の右側にカーソルを移動すると⌄が表
示され、クリックするとその分類は非表示になります。非
表示の状態でカーソルを移動すると⟩が表示され、クリッ
クして再表示できます。

分類名の右側をクリックして、内容
の表示／非表示を切り替えられます

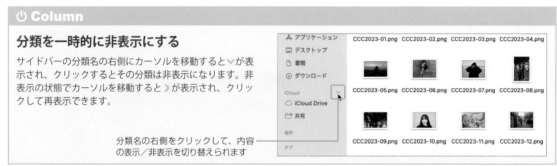

よく使う項目をサイドバーに登録する

「ファイル」メニューの「サイドバーに追加」を選択すると、現在表示しているフォルダをサイドバーの
「よく使う項目」に追加できます。また、Finderウインドウに表示したフォルダをサイドバーにドラッグし
ても登録できます。

1. 選択します

2. 登録されました

◤ ShortCut

サイドバーに追加する
control + ⌘ + T

⏻ Column

サイドバーの項目を削除する

サイドバーの項目をドラッグしてFinderウインドウの外側に出すと削除できます。

▶Section 2-7　　「表示」メニュー ▶ 「アイコン」「リスト」「カラム」「ギャラリー」

Finderウインドウの表示方法を変更する

Finderウインドウには、取り込んだ画像ファイルや文書などのデータや、アプリなどを表示できます。初期状態はアイコンが表示されますが、ファイルをリストで表示したり、カラム表示などに変更できます。目的に応じて使い分けましょう。

アイコン表示にする

Finderウインドウ上部の⊞◇ボタンをクリックします。ファイルやフォルダがアイコンで表示されます。

→ **POINT**

アイコンのサイズは変更できます。56ページを参照してください。

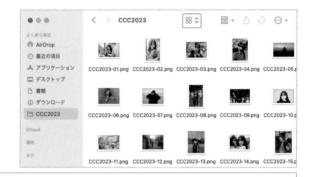

リスト表示にする

Finderウインドウ上部の☰◇ボタンをクリックします。ファイルやフォルダがリスト形式で一覧表示されます。

→ **POINT**

ウインドウの幅が小さいときは、アイコンをクリックしてリストから選択して変更できます。

1. クリックします　2. 選択します

→ **POINT**

項目名をドラッグして、項目の表示順を変更できます。

→ **POINT**

表示する項目は変更できます。58ページを参照してください。

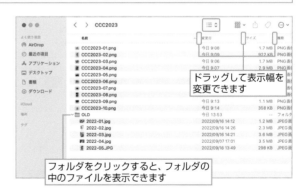

ドラッグして表示幅を変更できます

フォルダをクリックすると、フォルダの中のファイルを表示できます

表示順の基準となっている項目に表示されます。
〈は昇順表示を表し、クリックして降順表示に変更できます。
他の項目をクリックすると、その項目での昇順降順となります

カラム表示にする

Finderウインドウ上部の ⊞ ボタンをクリックすると、ファイルやフォルダが階層順に表示されます。

ドラッグしてカラムの幅を変更できます

▶ POINT

ファイルを選択すると、右端のカラムにプレビューが表示されます。

ギャラリー表示にする

Finderウインドウ上部の ⊡ ボタンをクリックすると、ファイルやフォルダの内容が上部にプレビュー表示され、下部にサムネールが表示されます。 → ← キーで表示対象を変更できます。

CCC2023-01.png
PNG画像 - 1.7 MB

ファイル名、種類、サイズが表示されます

情報
作成日 今日 9:23
変更日 今日 9:08
最後に開いた日 2023年10月16日 10:22
大きさ 1280×853
解像度 1×1

ファイルの情報が表示されます

回転して表示します

「PDFを作成する」などの機能を実行できます

別ウインドウに表示してマークアップを追加できます

「表示」メニューから「プレビューを非表示」を選択すると、ファイルのプレビューとサムネールだけの表示となります

📷 ShortCut

プレビューを非表示
shift + ⌘ + P

▶ **Section 2-8**　「表示」メニュー ▶「プレビューを表示」

プレビューの表示

 Finderウインドウで選択したファイルは、ウインドウ右側に内容をプレビュー表示できます。どの表示方法でも、プレビューは表示されます。

プレビュー表示

「表示」メニューから「プレビューを表示」を選択します。表示されたウインドウの右側にプレビュー欄が表示され、選択したファイルをプレビュー表示できます。

「表示」メニューから「プレビューを非表示」を選択すると、プレビュー表示は非表示となります。

1.選択します

2.選択したファイルの内容が
プレビュー表示されます

● どの表示方法でもOK

プレビューは、アイコン表示以外のすべての表示方法で表示されます。

リスト表示

カラム表示

プレビューを表示
shift + ⌘ + P

複数選択した場合

複数のファイルを選択すると、プレビュー欄には何も表示されません。選択したファイルのサムネールが重なって表示され、選択した項目数が表示されます。

プレビュー表示できないファイルもある

ファイルの種類によっては、プレビュー表示されずにアイコン表示となります。
プレビュー表示できるのは、汎用的な画像ファイル (JPEG、BMP、TIFF、PNGなど) や、PDFファイル、テキストファイルなどです。

プレビューに表示する項目を設定する

「表示」メニューから「プレビューオプションを表示」を選択すると、プレビューに表示する項目を設定できます。項目は、選択したファイルの種類ごとに設定できます。

選択します

画像ファイルの
プレビュー表示項目

テキストファイルの
プレビュー表示項目

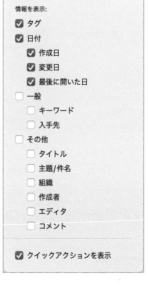

▶ **Section 2-9**　「表示」メニュー ▶「グループを使用」

グループ表示

 フォルダの内容を、ファイルの種類ごとにグループ分けした状態で表示できます。アイコン表示やリスト表示など、どの表示状態でも利用できます。

「グループを使用」を選択する

「表示」メニューから「グループを使用」を選択すると、フォルダ内のファイルがファイルの種類などのグループに分かれて表示されます。

ファイルがグループにまとまって表示されます

選択します

ShortCut

グループを使用

control + ⌘ + 0

→ **POINT**

リスト表示やカラム表示でも利用できます。

● グループの種別を設定する

デフォルトは種類ごとの表示ですが、「表示」メニューの「グループ分け」からグループの種別を選択できます。

グループの種別を選択できます

▶Section 2-10 「表示」メニュー ▶「表示オプションを表示」

アイコン表示のアイコンの大きさを変える

アイコン表示のアイコンの大きさは変更できます。また、アイコンの間隔や並び順序も変更できます。

表示オプションを表示

フォルダを開いた状態で、「表示」メニューから「表示オプションを表示」を選択します。表示されたウインドウの「アイコンサイズ」でアイコンの大きさ、「グリッド間隔」でアイコンの間隔が設定できます。

それ以外にも、背景色などを設定できます。

選択します

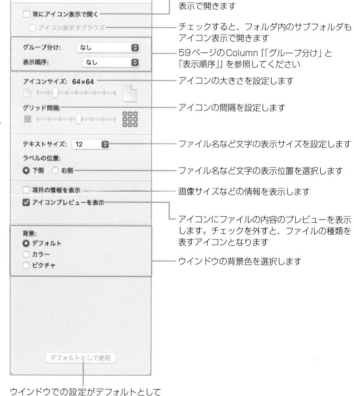

チェックすると、そのフォルダは常にアイコン表示で開きます

チェックすると、フォルダ内のサブフォルダもアイコン表示で開きます

59ページのColumn『「グループ分け」と「表示順序」』を参照してください

アイコンの大きさを設定します

アイコンの間隔を設定します

ファイル名など文字の表示サイズを設定します

ファイル名など文字の表示位置を選択します

画像サイズなどの情報を表示します

アイコンにファイルの内容のプレビューを表示します。チェックを外すと、ファイルの種類を表すアイコンとなります

ウインドウの背景色を選択します

ウインドウでの設定がデフォルトとして設定され、他のフォルダも同じ設定で表示されます。
optionキーを押しながらクリックすると、デフォルト設定に戻せます

ShortCut

表示オプションを表示

⌘ + J

デフォルト設定

▼

「アイコンサイズ」
を大きく設定

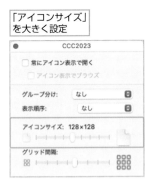

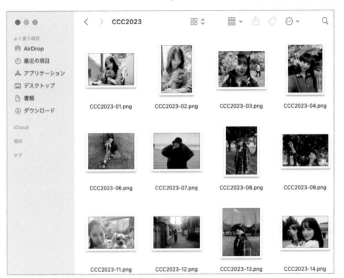

⏻ Column

アイコンをきれいに並べる

「表示」メニューの「整頓」を選択すると、ア
イコンがきれいに整頓されて表示されます。
また、アイコンを ⌘ キーを押しながらド
ラッグすると、整頓された位置に移動できま
す。

⏻ Column

ステータスバーで設定する

Finderウインドウにステータスバー（47ペー
ジ参照）を表示しているときは、右側のスラ
イダーをドラッグして表示サイズを変更でき
ます。

ドラッグしてサイズを
変更できます

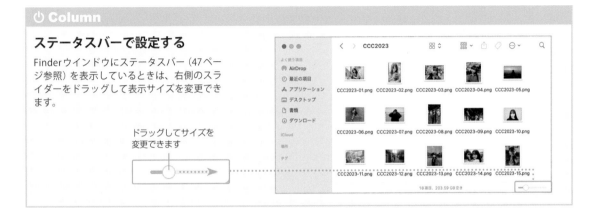

Chapter 2

▶ **Section 2-11** 「表示」メニュー ▶「表示オプションを表示」

リスト表示の項目を変更する

 Finderウインドウをリスト表示した際の項目は、デフォルト（初期設定値）の項目以外の項目を表示したり、不要な項目を非表示にしたりできます。

表示オプションを表示

フォルダを開いた状態で、「表示」メニューから「表示オプションを表示」を選択します。
表示されたウインドウで表示する項目などを設定します。

選択します

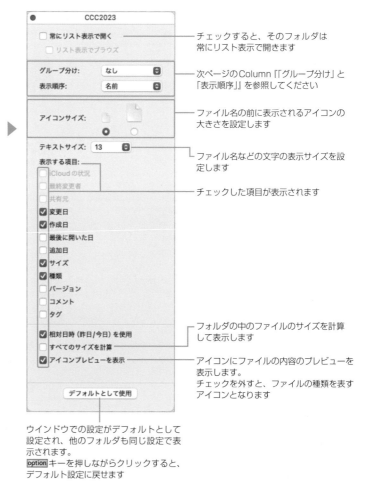

チェックすると、そのフォルダは常にリスト表示で開きます

次ページのColumn『「グループ分け」と「表示順序」』を参照してください

ファイル名の前に表示されるアイコンの大きさを設定します

ファイル名などの文字の表示サイズを設定します

チェックした項目が表示されます

フォルダの中のファイルのサイズを計算して表示します

アイコンにファイルの内容のプレビューを表示します。
チェックを外すと、ファイルの種類を表すアイコンとなります

ウインドウでの設定がデフォルトとして設定され、他のフォルダも同じ設定で表示されます。
option キーを押しながらクリックすると、デフォルト設定に戻せます

ShortCut

表示オプションを表示

⌘ + J

Chapter 2

Chapter 3

Chapter 4

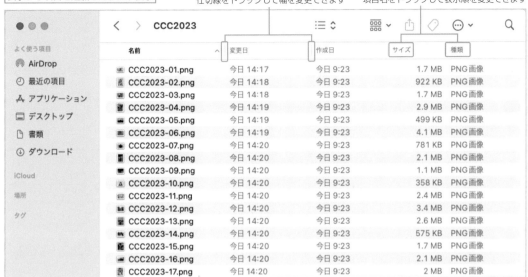

表示する項目を追加したリスト表示

仕切線をドラッグして幅を変更できます

項目名をドラッグして表示順を変更できます

POINT

リスト表示の項目名を control キーを押しながらクリック（右クリックでも可）すると、項目名が表示され、表示する項目を設定できます。

1. control ＋クリックします

2. 表示／非表示にする項目を選択します

Column

「グループ分け」と「表示順序」

「グループ分け」と「表示順序」は、どちらもデータの表示の順番の設定です。「グループ分け」のほうが優先順位が高くなります。

「グループ分け」は、「表示」メニューの「グループを使用」と「グループ分け」の設定と連動しています。

「グループ分け」が種類、「表示順序」が名前の設定による表示

| グループ分け: | 種類 |
| 表示順序: | 名前 |

▶ Section 2-12　Dock / スタック

Dockを使いこなす

 Dockは、アプリを起動したりウインドウをしまっておくなど、Macで作業する際にたいへん便利な機能です。初期状態では常時表示されますが、使いたいときだけ表示するようにしたり、アイコンのサイズを変えることもできます。

アプリを起動する

　Dockに表示されたアプリのアイコンをクリックすると、アプリを起動できます。

　すでに起動しているアプリのアイコンの下には、インジケーター・ランプが表示されます。アイコンをクリックすると、アプリを切り替えられます。

アイコンをクリックしてアプリを起動できます

Dockに登録されているアプリ

Dockに格納されたアプリのウインドウ

ダウンロードフォルダ　ゴミ箱

Dockに登録されていない最近使用したアプリ

起動しているアプリに表示されます

アプリを登録する

　よく使うアプリをDockに登録できます。アプリは、Finderウインドウの「アプリケーション」で表示できます。

ドラッグします

> **→ POINT**
> Dockに登録されているアイテムは、ドラッグして表示位置を変更できます。

ファイルやフォルダを登録する

よく使うファイルやフォルダも、Dockの右側に表示される仕切線の右側にドラッグすると、Dockに登録できます。Dockに登録したフォルダは「スタック」と呼ばれ、フォルダ内のファイルを表示できます。

仕切線の右側には、ファイルやフォルダも登録できます

仕切線

Dockに登録したフォルダをクリックすると、フォルダ内のファイルを表示できます

① Column

スタックの表示方法を変更する

スタックを control キーを押しながらクリック（右クリックでも可）するとメニューが表示され、表示順序や表示形式を設定できます。

スタックを control キーを押しながらクリックして、表示形式などを設定できます

Dockから削除する

アプリのアイコンやスタックをDockの外側にドラッグし、「削除」と表示された状態でマウスボタンを放すと、Dockから削除できます。Dockに登録されたアプリやフォルダは、いわば「分身」なので、削除してもアプリやフォルダが削除されるわけではありません。

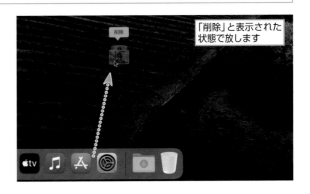

「削除」と表示された状態で放します

Dockの大きさを変更する

Dockの右側に表示された仕切り線を上下にドラッグすると、Dockの大きさを変更できます。

上下にドラッグしてDockの大きさを変更できます

「システム設定」の「デスクトップとDock」で設定する

「システム設定」の「デスクトップとDock」の「Dock」ではDockの大きさ、拡大表示、表示位置などを設定できます。

> → POINT
>
> 「システム設定」の「アクセシビリティ」にある「ディスプレイ」を表示して、「透明度を下げる」オプションをオンにすると、メニューバーやDockの透明度を下げられます。

選択します

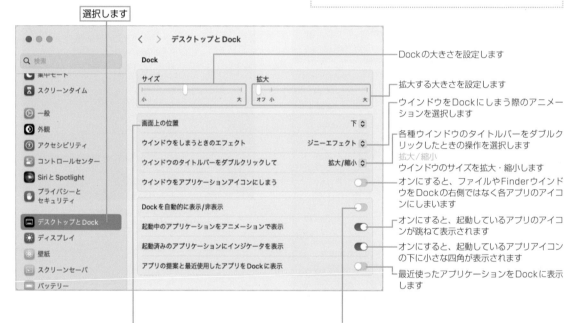

Dockの大きさを設定します

拡大する大きさを設定します

ウインドウをDockにしまう際のアニメーションを選択します

各種ウインドウのタイトルバーをダブルクリックしたときの操作を選択します
拡大／縮小
ウインドウのサイズを拡大・縮小します

オンにすると、ファイルやFinderウインドウをDockの右側ではなく各アプリのアイコンにしまいます

オンにすると、起動しているアプリのアイコンが跳ねて表示されます

オンにすると、起動しているアプリアイコンの下に小さな四角が表示されます

最近使ったアプリケーションをDockに表示します

Dockを表示する位置を選択します（画面は「右」に設定した例）

オンにすると、Dockを使わないときは非表示になります。カーソルをDock表示位置に移動すると表示されます

▶ Section 2-13 　「ライト」モード/「ダーク」モード

外観モードを変更する

 デスクトップのメニュー、ウインドウ、ボタンの明るさのことを外観モードといい、「ライト」モード（明るい）、「ダーク」モード（暗い）、時刻に応じて自動で切り替える「自動」を選択できます。

外観モードを変更する

外観モードは、「システム設定」の「外観」で選択します。

「自動」を選択すると、時刻によって自動的に「ライト」モードと「ダーク」モードが切り替わります。

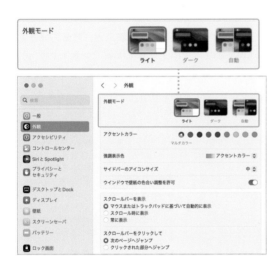

「ライト」モード

「システム設定」の「外観」ウインドウにあるその他の項目の設定については、108ページを参照してください。

「ダーク」モード

→ POINT

「自動」を選択したときは、壁紙を「ダイナミックデスクトップ」に設定し、「自動」にしておくと、「デスクトップピクチャ」も自動で変わります。

▶ **Section 2-14**　「システム設定」▶「壁紙」「スクリーンセーバ」

デスクトップの壁紙やスクリーンセーバを変更する

 Macのデスクトップの壁紙は、自分の好きな画像に変更できます。また、Macを一定時間操作しないと表示されるスクリーンセーバの種類も変更できます。

壁紙を変更する

　Macを起動した際のデスクトップに表示される壁紙は、初期状態以外の画像に変更できます。アップルメニューから「システム設定」を開き、「壁紙」を選択します。リストから壁紙をクリックして選択してください。

　Macに用意された写真から選択するだけでなく、デジタルカメラで撮影した写真など、自分の好きな写真も使用できます。「フォルダまたはアルバムを追加」から壁紙の入っているフォルダや、「写真」アプリのアルバムを選択すると、壁紙のリストの最下部に追加されます。

「写真」アプリ（218ページ以降を参照）の写真を壁紙に設定します

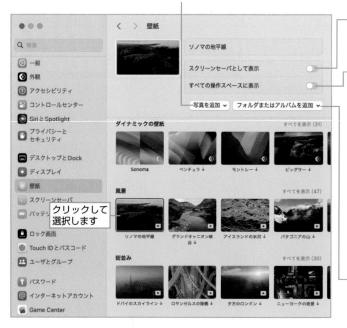

クリックして選択します

オンにすると選択した壁紙をスクリーンセーバとして表示します。スクリーンセーバとは、Macを一定時間操作しなかったときに表示される映像のことです

オンにすると、すべてのデスクトップに同じ壁紙が表示されます。オフにすると、デスクトップごとに設定できます。設定するデスクトップを表示して設定してください

外付けディスプレイを使用している場合は、プレビュー画面の下に表示されたモニタ名を選択してから、設定してください

設定するモニタを選択します

フォルダや「写真」アプリのアルバムを壁紙の素材として追加します

⏻ **Column**

壁紙を定期的に変更する

カラーや追加したフォルダ、写真ア
プリのアルバムでは、「自動切り替え」
を選択すると、画像を一定間隔で変
更できます。

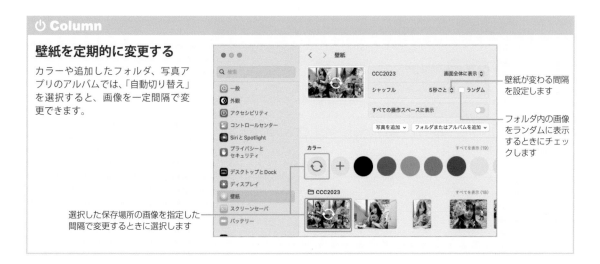

壁紙が変わる間隔
を設定します

フォルダ内の画像
をランダムに表示
するときにチェック
します

選択した保存場所の画像を指定した
間隔で変更するときに選択します

スクリーンセーバを変更する

　壁紙と異なったスクリーンセーバを設定したり、スクリーンセーバの動きをプレビューしたりするには、
「システム設定」の「スクリーンセーバ」を使います。

　リストから、お好きなスクリーンセーバをクリックして選択します。上部のプレビュー画像をダブルク
リックすると、スクリーンセーバがプレビュー表示されるので、参考にしてください。

プレビューが表示されます。ダブルクリックすると
実際の画面でテスト表示できます。
テスト表示は、マウスをクリックするかキーボード
の任意のキーを押すと終了します

オンにすると選択したスクリーンセーバを壁紙とし
て表示します。

オンにすると、すべてのデスクトップに同じスクリーン
セーバが表示されます。オフにすると、デスクトッ
プごとに設定できます。設定するデスクトップを表
示して設定してください。

ランダムに表示する時に選択します

→ **POINT**

スクリーンセーバ開始までの時間は、「シス
テム設定」の「ロック画面」(160ページ参
照)を表示し、「使用していない場合はスク
リーンセーバを開始」で設定してください。

▶ **Section 2-15** 「システム設定」▶「SiriとSpotlight」／メニューバー ▶「Siri」

Siriを使う

iPhone/iPadでは一般的なSiriがMacでも利用できます。各種アプリと連係して、便利に活用しましょう。

検索する

Siriに質問すると、Web等で検索した結果が表示されます。

01 Siriを起動して質問する

画面右上のメニューバーにある◎をクリックします。
調べたい内容を話しかけます。

02 情報が表示される

検索された情報が表示されます。

> **→ POINT**
>
> 「システム設定」の設定によっては、Macに「Hey! Siri」と問いかけても起動できます（68ページ参照）。

> **→ POINT**
>
> Siriはインターネットに接続していないと利用できません。

> **→ POINT**
>
> 画面では、Siriとのやり取りがわかりやすいようにユーザの問いかけを表示する「Siriキャプションを常に表示」と「話した内容を常に表示」をオンに設定しています（設定は、68ページを参照）。

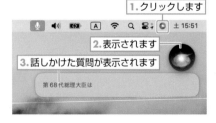

1.クリックします

2.表示されます

3.話しかけた質問が表示されます

第68代総理大臣は

■ ShortCut

Siriを起動
⌘ ＋ □ （スペースキー）

> **→ POINT**
>
> Siriを終了するには esc キーを押します。

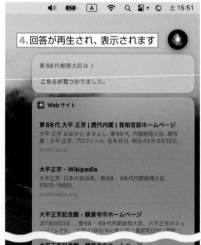

4.回答が再生され、表示されます

第68代総理大臣は 〉

こちらが見つかりました。

◎ Webサイト

第68代 大平 正芳 | 歴代内閣 | 首相官邸ホームページ
大平 正芳 おおひら まさよし。第68代、内閣総理大臣。顔写真：大平 正芳。プロフィール。生年月日：明治43年3月12日...
kantei.go.jp

大平正芳 - Wikipedia
大平正芳。日本の政治家。第68・69代内閣総理大臣(1910-1980).
ja.wikipedia.org

大平正芳記念館 - 観音寺市ホームページ
2018/05/30 ... 第68・69代内閣総理大臣、大平正芳のミュージアムです。大平は1910年に香川県三豊郡和田村(現観...

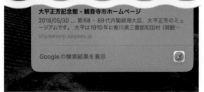

大平正芳記念館 - 観音寺市ホームページ
2018/05/30 ... 第68・69代内閣総理大臣、大平正芳のミュージアムです。大平は1910年に香川県三豊郡和田村(現観...
city.kanonji.kagawa.jp

Googleの検索結果を表示

便利な使い方

Webでの検索だけでなく、Macのアプリとも連係して活用できます。いくつか活用例を紹介します。

●「ミュージック」の音楽を再生する

Siriにアーティスト名や楽曲名を再生するように話しかけると、「ミュージック」の曲を再生できます。

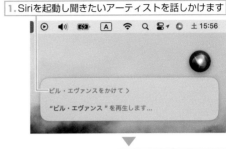

1. Siriを起動し聞きたいアーティストを話しかけます

2.「ミュージック」が起動して再生されます

● リマインダーに登録する

忘れそうな要件をリマインダーに登録できます。

1. 要件をリマインドするように話しかけます

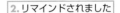

2. リマインドされました

3. ダブルクリックするとリマインダーが起動して、詳細に設定できます

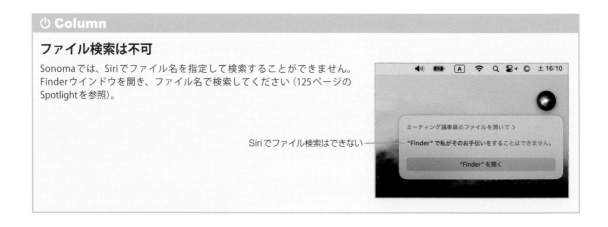

ファイル検索は不可

Sonomaでは、Siriでファイル名を指定して検索することができません。
Finderウインドウを開き、ファイル名で検索してください（125ページの
Spotlightを参照）。

Siriでファイル検索はできない

Siriの設定

「システム設定」の「SiriとSpotlight」では、Siriに関する各種設定を行うことができます。

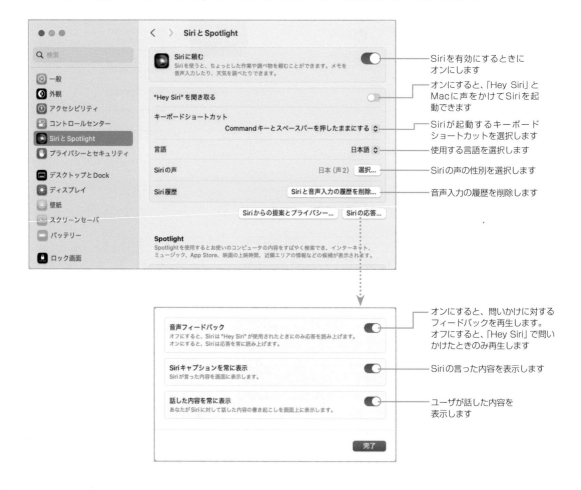

Siriを有効にするときに
オンにします

オンにすると、「Hey Siri」と
Macに声をかけてSiriを起
動できます

Siriが起動するキーボード
ショートカットを選択します

使用する言語を選択します

Siriの声の性別を選択します

音声入力の履歴を削除します

オンにすると、問いかけに対する
フィードバックを再生します。
オフにすると、「Hey Siri」で問い
かけたときのみ再生します

Siriの言った内容を表示します

ユーザが話した内容を
表示します

▶ **Section 2-16**　「システム設定」▶「通知」／メニューバー ▶「通知センター」

通知の表示方法を変更する（通知センター）

 macOS Sonomaでは、カレンダーやリマインダーの項目や、メール・メッセージ・FaceTimeなどの着信記録が画面右上に表示され、通知センターに記録されます。通知のポップアップの表示方法や、通知センターでの表示件数などは変更できます。

通知と通知センター

メッセージやリマインダーなどを通知に設定しておくと、バナーや通知パネルが画面右上に表示されます。また、メニューバー右上の日付部分をクリックすると通知センターが表示され、非表示になった通知や登録したウィジェットを利用できます。

1.クリックします

通知パネル

バナー
すぐに非表示となります

通知センターが表示され、カレンダーやリマインダー、
未読のメール・メッセージなどが表示されます

リマインダーの通知表示

クリックして通知
を消去できます

操作を選択できます

通知

ウィジェット

**2.通知センターが
表示されます**

▷ POINT

通知センター下部に表示された「ウィジェットを編集」をクリックすると通知センターやデスクトップで表示するウィジェットを設定できます。ウィジェットの表示については、78ページを参照ください。

通知の表示方法を変更する

「システム設定」の「通知」では、画面右上にポップアップ表示する通知のスタイルを、アプリごとに設定できます。

設定するアプリを選択します

いつプレビューを表示するか設定します

通知を許可するタイミングを設定します

クリックしてアプリごとの通知を設定します

選択した項目からの通知を許可するにはオンにします

ポップアップ表示のスタイルを選択します
「バナー」
画面右上に表示され自動で消えます
「通知パネル」
画面右上に表示され、パネル内のボタン操作を行うまで表示されます

オンにすると即時通知を許可します

オンにすると、スリープ時などロックされている画面に通知を表示します

オンにすると、通知センターに表示されます

オンにすると、通知のあったアプリのDockのアイコンにバッジが表示されます

通知時に音を鳴らします

オンにすると、メールやメッセージの内容がポップアップにプレビュー表示されます。また、ロック画面でプレビューを表示するかを選択できます

複数の通知を表示する際の、グループ化方法を選択します。
「自動」では、自動でグループ化されます。「アプリケーション別」ではアプリごとにグループ化されます。「なし」ではグループ化されません

▶ **Section 2-17**　メニューバー ▶「コントロールセンター」/「システム設定」▶「コントロールセンター」

コントロールセンターとメニューバーの設定

コントロールセンターは、メニューバーから各種機能の設定画面を呼び出せる便利な機能です。コントロールセンターの表示項目は、「システム設定」で設定でき、メニューバーに単独で表示することもできます。

コントロールセンターを使う

ここでは、AirDropの設定で説明します。

01 コントロールセンターを表示

メニューバーの 🖫 をクリックしてコントロールセンターを表示し、設定する項目（ここではAirDrop）をクリックします。

02 AirDropの設定をする

AirDropの設定画面に変わります。ここで、AirDropのオン／オフや対象を設定できます。

AirDropのオン／オフを設定できます

AirDropの相手を設定できます

コントロールセンターとメニューバーの表示

コントロールセンターに表示される項目は、メニューバーにアイコンとして表示するかどうかも設定できます。コントロールセンターに集約すれば、メニューバーのアイコン表示を減らすことができます。

設定は、「システム設定」の「コントロールセンター」で行います。

コントロールセンターモジュール

「コントロールセンターモジュール」の項目は、コントロールセンターに常に表示されます。
これらの項目は「メニューバーに非表示」を選択すると、メニューバーの表示がオフになります。
「使用中に表示」を選択すると、その項目を使用中のときだけメニューバーに表示されます。

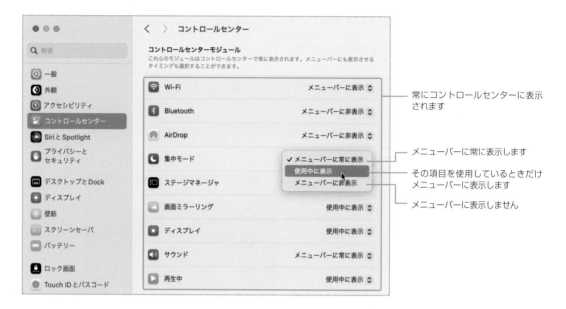

常にコントロールセンターに表示
されます

メニューバーに常に表示します

その項目を使用しているときだけ
メニューバーに表示します

メニューバーに表示しません

▶ その他のモジュール

コントロールセンターの表示／非表示、メニューバーの表示／非表示を設定できる項目です。

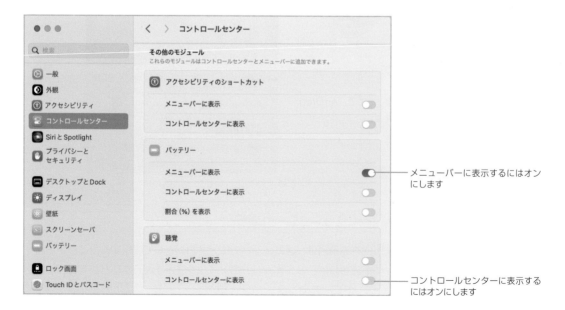

メニューバーに表示するにはオン
にします

コントロールセンターに表示する
にはオンにします

▶ メニューバーのみ

メニューバーにのみ表示できる項目です。

メニューバーの表示／非表示を
設定します

▶ メニューバーを自動的に表示／非表示

メニューバーを非表示にする状態を選択できます。

常に自動で表示／非表示

デスクトップ表示時には
自動で表示／非表示

フルスクリーン表示時には
自動で表示／非表示

自動で表示／非表示せずに常に表示

▶ Section 2-18 　「システム設定」▶「集中モード」／メニューバー ▶「コントロールセンター」▶「集中モード」

集中モード（おやすみモード）

 夜間や仕事で集中したい時間に、通知が届かないように設定できます。おやすみモード以外に、用途に合わせた集中モードを作成できます。

「システム設定」の「集中モード」

「システム設定」の「集中モード」では、集中モードのオン／オフや通知を許可する人などを設定できます。

モードを選択する

「おやすみモード」または「仕事」を選択します。新しい集中モードを追加することもできます。

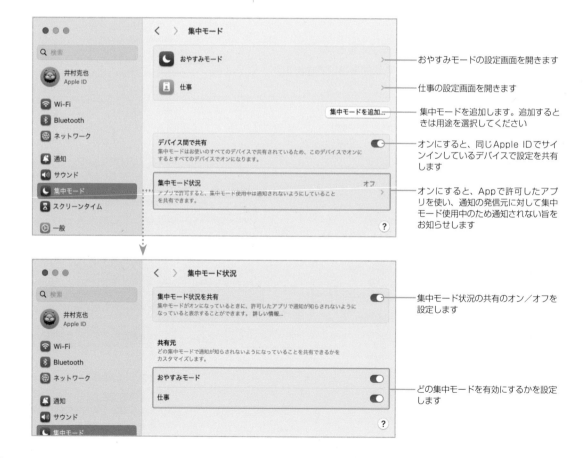

おやすみモードの設定画面を開きます

仕事の設定画面を開きます

集中モードを追加します。追加するときは用途を選択してください

オンにすると、同じApple IDでサインインしているデバイスで設定を共有します

オンにすると、Appで許可したアプリを使い、通知の発信元に対して集中モード使用中のため通知されない旨をお知らせします

集中モード状況の共有のオン／オフを設定します

どの集中モードを有効にするかを設定します

集中モードの設定

選択した集中モードの各種設定を行います。

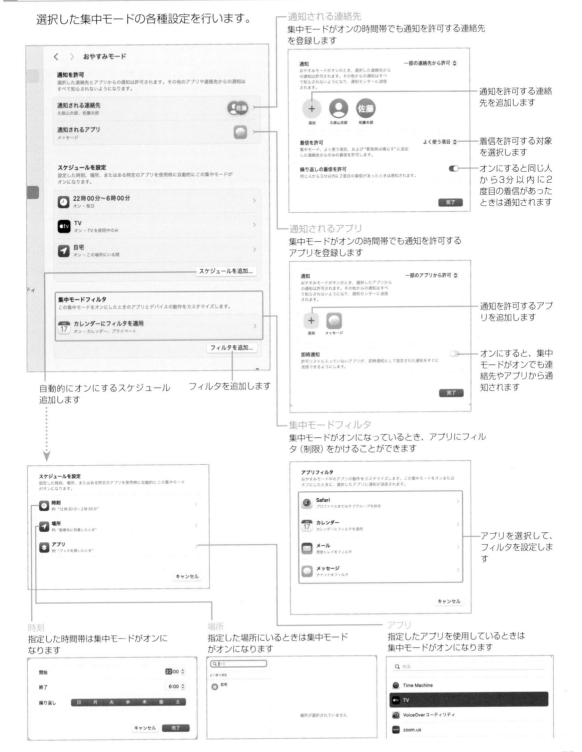

通知される連絡先
集中モードがオンの時間帯でも通知を許可する連絡先
を登録します

通知を許可する連絡先を追加します

着信を許可する対象を選択します

オンにすると同じ人から3分以内に2度目の着信があったときは通知されます

通知されるアプリ
集中モードがオンの時間帯でも通知を許可する
アプリを登録します

通知を許可するアプリを追加します

オンにすると、集中モードがオンでも連絡先やアプリから通知されます

集中モードフィルタ
集中モードがオンになっているとき、アプリにフィルタ（制限）をかけることができます

自動的にオンにするスケジュール追加します

フィルタを追加します

アプリを選択して、フィルタを設定します

時刻
指定した時間帯は集中モードがオンになります

場所
指定した場所にいるときは集中モードがオンになります

アプリ
指定したアプリを使用しているときは集中モードがオンになります

コントロールセンターで集中モードをオン／オフ

集中モードは、コントロールセンターでオン／オフできます。

1. クリックします

2. クリックします

3. オンにする集中モードを
クリックします

4. オンになると、アイコン
がハイライトします

一時的にオンにするときに選択します

集中モードの期限が表示されます

Chapter 2

デスクトップとウィジェットの表示設定

 デスクトップには、ファイルやディスクを表示するだけでなく、ウィジェットを表示できます。また、ステージマネージャの使用時のみ表示するように設定できます。

デスクトップの表示

外付けディスクや内蔵ディスク、デスクトップに置いたファイルやフォルダを、「デスクトップ項目」といいます。また、通知センターに表示されるウィジェットをデスクトップに表示することもできます。

デスクトップ項目

ウィジェット

⏻ **Column**

デスクトップに内蔵ディスクを表示する

Finderを選択して、「Finder」メニューから「設定」を選択します。「一般」タブをクリックして、「デスクトップに表示する項目」で「ハードディスク」をチェックします。

デスクトップに表示する項目を選択する

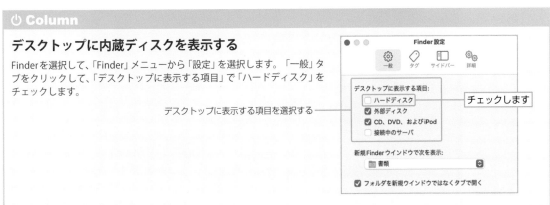

チェックします

デスクトップの表示設定

「システム設定」の「デスクトップとDock」でデスクトップの表示方法を設定できます。

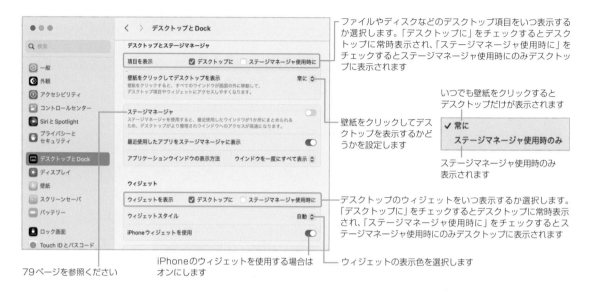

ファイルやディスクなどのデスクトップ項目をいつ表示するか選択します。「デスクトップに」をチェックするとデスクトップに常時表示され、「ステージマネージャ使用時に」をチェックするとステージマネージャ使用時にのみデスクトップに表示されます

いつでも壁紙をクリックするとデスクトップだけが表示されます

壁紙をクリックしてデスクトップを表示するかどうかを設定します

ステージマネージャ使用時のみ表示されます

デスクトップのウィジェットをいつ表示するか選択します。「デスクトップに」をチェックするとデスクトップに常時表示され、「ステージマネージャ使用時に」をチェックするとステージマネージャ使用時にのみデスクトップに表示されます

iPhoneのウィジェットを使用する場合はオンにします

ウィジェットの表示色を選択します

79ページを参照ください

表示するウィジェットの編集

通知センターの下に表示される「ウィジェットを編集」をクリックするか、デスクトップで control ＋クリック（または右クリック）して表示されるメニューから「ウィジェットを編集」を選択するとウィジェットがリスト表示され、ドラッグしてデスクトップや通知センターに配置できます。iPhoneウィジェットを配置することもできます。また、配置したウィジェットを削除できます。

ウィジェットを削除します

「iPhoneから」と表示されたウィジェットは、iPhoneウィジェットです

ドラッグしてデスクトップや通知センターに配置します

ウィジェットのアプリを選択できます

ウィジェットの編集を終了します

▶ **Section 2-20**　メニューバー ▶「コントロールセンター」▶「ステージマネージャ」/「システム設定」▶「デスクトップとDock」

ステージマネージャ

:□　「ステージマネージャ」は、使用しているアプリケーションやウインドウを画面左側にまとめて表示し、簡単に作業対象を切り替えられる機能です。

「ステージマネージャ」のオン／オフ

「ステージマネージャ」のオン／オフは、コントロールセンターで行います。

クリックしてオン／オフを切り替えられます

「ステージマネージャ」の表示

「ステージマネージャ」をオンにすると、最前面に表示されていたアプリケーションのウインドウだけが表示され、他のアプリケーションのウインドウは画面左側にサムネイルで表示されます。

サムネイルをクリックすると、クリックしたアプリケーションだけが表示されます。

最前に表示していたアプリケーション

起動しているアプリケーションがサムネイル表示されます。
使用したいサムネイルをクリックします

クリックしたアプリケーションが表示されます

サムネイル表示になります

ステージマネージャの設定

　「ステージマネージャ」での表示方法は、「システム設定」の「デスクトップとDock」を選択し、「デスクトップとステージマネージャ」の「ステージマネージャ」で設定します。

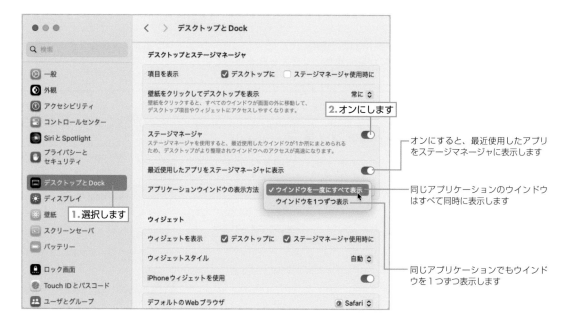

▶ **Section 2-21**　「スタックを使用」

デスクトップのスタック表示

画面のスナップショットなど、デスクトップには、ついつい多くのファイルが増えがちです。スタック表示を使うと、デスクトップの画像を種類や日付でまとめておき、必要なときにすべてのファイルを表示できます。

スタック表示

デスクトップ上で control キーを押しながらクリック（右クリックでも可）して、「スタックを使用」を選択します。

⏻ Column

スタックの種別を設定する

デフォルトは種類ごとの表示ですが、デスクトップを control キーを押しながらクリック（右クリックでも可）して、「スタックのグループ分け」からまとめる種別を設定できます。

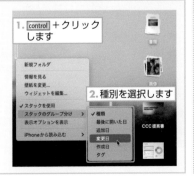

→ POINT

スタックをドラッグして、そのまま複数のファイルをまとめて移動したり、コピーすることができます。

▶ Section 2-22　　スクリーンショット

表示中の画面を画像として保存する
（スクリーンショット）

Macでは、画面に表示された状態を画像ファイルとして保存できます。画像で残しておきたいWebページを閲覧したときや、上級ユーザにわからないことを質問するときなど、知っておくと便利な機能です。

ウインドウや全画面をファイルに保存する

shift キーと ⌘ キーと 5 キーを同時に押します。画面下にオンスクリーンコントロールが表示されるので、画像に保存する種類を選択します。

1. shift キーと ⌘ キーと 5 キーを同時に押します

2. 表示されるので、保存範囲を選択します。
　ここでは「指定したウインドウを保存」を選択します

全画面を保存　　指定したウインドウ　　選択した部分を保存
　　　　　　　　を保存

3. 保存するウインドウを選択します。
　ハイライト表示されたウインドウが画像ファイルで保存されます。
　ウインドウが背面にあって、一部隠れている部分も写ります

→ POINT

control キーを押しながらウインドウを選択すると、シャドウなしでウインドウを保存できます。

Chapter 2

4. 保存した画面のサムネールが表示
されるので、クリックします

→ POINT

サムネールは少し経つと表示されなくなりますが、
画像はファイルとして保存されます。

5. プレビュー表示されます。この画面でマークアップ等が可能です

6. 完了したらクリックします

クリックすると保存しないで削除します

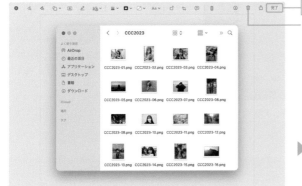

デスクトップに「**スクリーンショット 日付
時刻**」という画像ファイルが作成されます

⏻ Column

選択した部分をファイルに保存する

選択部分をファイルに保存するには、「選択した
部分を保存」を選択し、選択範囲を指定して「取
り込む」をクリックします。

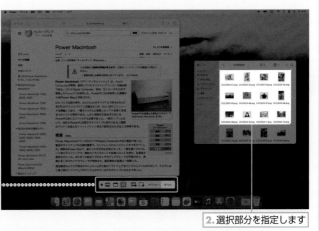

1. 選択します

3. クリックします

2. 選択部分を指定します

オンスクリーンコントロールの設定

オンスクリーンコントロールでは、ファイルの保存する範囲を選択するだけでなく、ファイルを保存する場所やタイマー設定などが可能です。

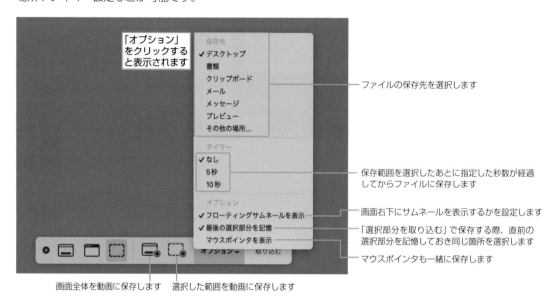

「オプション」をクリックすると表示されます

ファイルの保存先を選択します

保存範囲を選択したあとに指定した秒数が経過してからファイルに保存します

画面右下にサムネールを表示するかを設定します

「選択部分を取り込む」で保存する際、直前の選択部分を記憶しておき同じ箇所を選択します

マウスポインタも一緒に保存します

画面全体を動画に保存します　　選択した範囲を動画に保存します

⏻ Column

画面操作を動画で保存

shift + ⌘ + 5 キーを押して、画面下に表示されたオンスクリーンコントロールで「画面全体を収録」または「選択範囲を収録」をクリックすると、画面の動きを動画ファイルで保存できます。
収録を終了するには、ツールバーの ⏺ をクリックしてください。

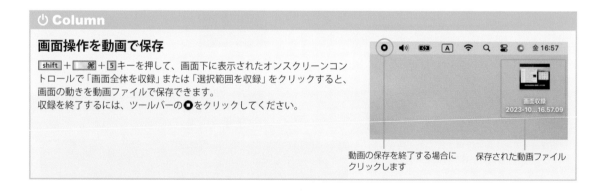

動画の保存を終了する場合にクリックします　　保存された動画ファイル

以前の機能を使う

Sonoma では、従来のショートカットキーによるスクリーンショットも使用できます。

ファイルを保存する場所は、 shift + ⌘ + 5 キーを押して表示されるオンスクリーンコントロールでの設定と同じになります。

全画面を保存　　　　shift + ⌘ + 3

選択部分を保存　　　shift + ⌘ + 4

ウインドウを保存　　shift + ⌘ + 4 のあとに（スペース）キー

⏻ Column

キーアサインを変更する

「システム設定」の「キーボード」を選択し、「キーボードショートカット」をクリックします。ポップアップウインドウで「スクリーンショット」を選択し、キーアサインを変更できます。

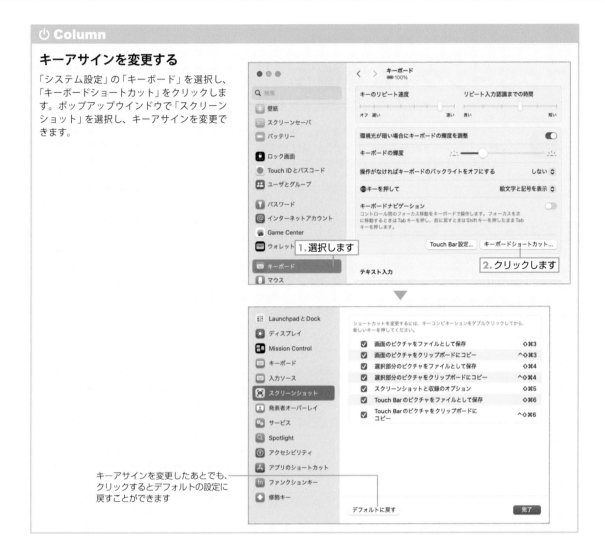

キーアサインを変更したあとでも、クリックするとデフォルトの設定に戻すことができます

➡ POINT

Touch Barの画像をスクリーンショットで保存するには、shift + ⌘ + 6 キーを押します。

▶ **Section 2-23**　「システム設定」▶「スクリーンタイム」

スクリーンタイムを使う

「システム設定」の「スクリーンタイム」では、Macでのアプリの使用状況や、通知の受信回数などがグラフ表示されます。また、休止時間などMacの使用に関する制限を設定し、子供が安全に使用できる環境を設定できます。

スクリーンタイムを設定する

スクリーンタイムは、「システム設定」の「スクリーンタイム」で確認、設定します。

「アプリとWebサイトのアクティビティ」をクリックしてオンにすると、下記の画面が表示されます。

スクリーンタイムの各種設定をオフにします

通知の受信回数のグラフが表示されます

スリープを解除した回数と、解除後に使用したアプリの数がグラフで表示されます

休止時間のオン／オフと、オンにしたときの休止時間を設定します

アプリごとに使用時間の上限を設定します

休止時間を含めて、いつでも使用できるアプリを設定します

オンにすると、FaceID対応のiPhone/iMacが推奨距離になるように通知します

電話、FaceTime、メッセージの相手を制限します

Macをお子様と共有する際、ヌードなどのセンシティブなコンテンツのやり取りをした場合にメッセージアプリで警告や対応方法等を表示します

不適切なWebコンテンツ、ストア (iTunes StoreやApp Store)、アプリ、その他 (パスコードの変更など)を制限します

オンにすると、同じApple IDでサインインしているデバイスのレポートを作成できます

スクリーンタイムの設定にパスコードを使用するにはオンにします

ファミリー共有でスクリーンタイムを使用するときに、クリックして設定します

スクリーンタイムの各種設定をオフにします

Chapter

3

インターネットに
接続しよう

インターネットへの接続は、自宅でのブロードバンド回線だけでなく
スマートフォンを使ったテザリングも多く使われるようになりました。
ここでは、インターネットへの接続方法について解説します。

▶ Section 3-1　　メニューバー ▶ Wi-Fiルーターを選択 / 「システム設定」 ▶ 「Wi-Fi」

Wi-Fiで接続する

 Macには、無線LAN（Wi-Fi）が標準装備されています。インターネットと接続するための
Wi-Fiルーター（親機）がある環境であれば、MacからWi-Fiルーターに接続してインターネッ
トを利用できます。

Wi-Fiルーターを用意する

　Wi-Fiルーターとは、MacやPC、iPhoneなどのスマートフォン、iPadなどのタブレットなどをインター
ネットに同時接続するためのネットワーク機器で、家庭内でWi-Fiでインターネットに接続するための必須
機器です。ご使用のWi-Fiルーターの説明書を読んで、Wi-Fiルーターからインターネットに接続する設定
をしておいてください。

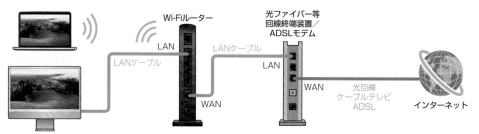

Wi-Fiで接続する

　MacからWi-Fiネットワークに接続するには、以下の2つの情報が必要です。

● SSID（Wi-Fiルーターの名前）
● 接続パスワード

この2つがわかれば、Wi-Fiルーターに接続できます。

Wi-Fiルーターの機器背面などにSSIDとパスワードが表記されているので、それを使います。表記されていない場合は、ご利用のWi-Fiルーターの取扱説明書を参照してください。

ネットワーク名(SSID)	PINコード 55913▮▮
プライマリSSID(2.4GHz)	aterm-12a25c-g
プライマリSSID(5GHz)	aterm-12a25c-a
暗号化キー(AES)	486850ae3c▮▮
※暗号化キー初期値は0〜9、a〜fを使用	

01 Wi-Fiルーターを選択する

メニューバー右上の 📶 または 📶 をクリックします。Wi-Fiがオフのときは、オンにしてください。近くに設置されているWi-Fiルーターがリスト表示されるので、自分の接続するWi-Fiルーターを選択します。

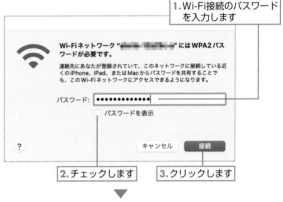

1. クリックします

2. オンにします

3. 接続するWi-Fiルーターを選択します

02 パスワードを入力して接続

パスワードを入力して、「接続」ボタンをクリックします。
「パスワードを表示」をオンにすると、パスワードを表示できます。
「このネットワークを記憶」をオンにします。

1. Wi-Fi接続のパスワードを入力します

03 接続できたことを確認する

Wi-Fiルーターに接続できたら、メニューバーのアイコンが 📶 に変わります。このアイコンは、電波強度を表しています。

2. チェックします

3. クリックします

→ POINT

うまく接続できない場合は、「パスワードを表示」をオンにして、パスワードが正しく入力されているか確認してください。

アイコンが黒く表示されたら接続完了です

04 インターネットに接続してみる

DockからSafariを起動して、ホームページが表示されるのを確認します。

1. クリックしてSafariを起動します

⏻ Column

Webページが表示されない場合

Wi-Fiルーターでインターネットに接続する設定がされていないか不備があります。Wi-Fiルーターの取扱説明書を参考に確認してください。

2. Webページが表示されたら大丈夫です

■ Wi-Fi親機の管理

Wi-Fi親機が複数あるとき、Macは自動で親機に接続しますが、接続したい親機を選択したい場合は、「システム設定」の「Wi-Fi」で設定します。

01　「Wi-Fi」を選択して、接続する親機の［接続］をクリック

Dockから「システム設定」をクリックして起動し、「Wi-Fi」をクリックします。
ネットワークに接続したことのあるWi-Fi親機が表示されるので、接続した親機を選択して［接続］をクリックします。

現在接続している親機が表示されます

近くの未接続の親機が表示されます。

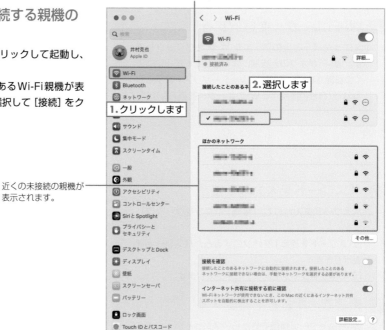

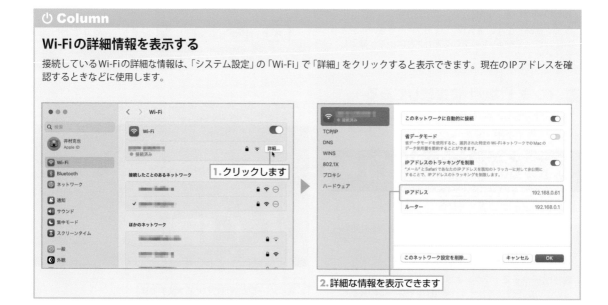

⏻ Column

Wi-Fiの詳細情報を表示する

接続しているWi-Fiの詳細な情報は、「システム設定」の「Wi-Fi」で「詳細」をクリックすると表示できます。現在のIPアドレスを確認するときなどに使用します。

「Wi-Fiパスワード共有」機能を使う

すでにWi-Fiに接続してるiPhone/iPadを使って、同じWi-Fiに接続するMacのパスワード入力を省略できます。

● iPhone/iPadの要件

MacでWi-Fiパスワードを共有するには、iPhone/iPadの「連絡先」にMacユーザのApple IDが登録されている必要があります。登録されているかを確認してください。

iPhone/iPadの「連絡先」にMacユーザが登録されている必要があります

> ⮕ POINT
>
> iPhone/iPadとMacのどちらも、Bluetoothがオンである必要があります。

● Wi-Fiパスワードを共有する

01 Mac で Wi-Fi に接続する

メニューバーのWi-Fiアイコンをクリックして、「ほかのネットワーク」を展開したら、iPhone/iPadが接続しているWi-Fiルーターを選択します。

接続するルーターを選択します

02 パスワード入力画面を表示する

パスワード入力画面が表示されるので、このままにしておきます。

このままの状態にしておきます

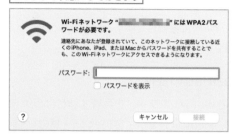

03 iPhone/iPadで共有

iPhone/iPadをMacに近づけると、Wi-Fiパスワードの共有画面が表示されるので、「パスワードを共有」をタップします。

04 「完了」をタップ

問題なくMacにパスワードが共有されると、「完了」画面に変わるので、「完了」をタップします。

1.iPhone/iPadをMacに近づけます

2.タップします　3.タップします

05 Macで接続を確認

MacでWi-Fiに接続できたことを確認します。

接続できたことを確認します

⏻ Column

Macのパスワードを iPhone/iPadで共有する

Macが接続しているWi-FiにiPhone/iPadを接続するときにも、パスワードを共有して入力を省略できます。
すでにWi-Fiに接続しているMacにiPhone/iPadを近づけると「Wi-Fiパスワード」の通知が表示されるので、通知にカーソルを移動し、「オプション」から「共有」を選択してください。

クリックするとパスワードを共有できます

▶Section 3-2 「システム設定」▶「ネットワーク」

LANケーブルで接続する

 MacとルーターをLANケーブルでつないで、インターネットに接続する方法は、ケーブルを敷設する煩雑さがありますが、Wi-Fiよりも安定して高速な通信ができるメリットもあります。また、ほとんど設定が必要ないのも大きなメリットです。

MacとルーターをLANケーブルで接続する

MacのLANポートと、光ファイバーの回線終端装置、ケーブルテレビのモデム、ADSLモデムをLANケーブルで接続してください。

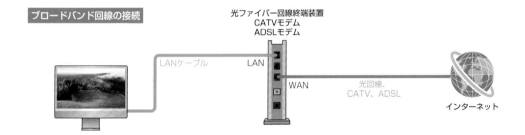

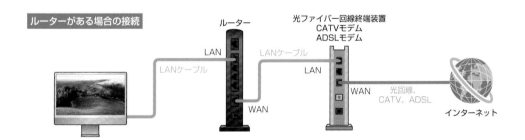

⏻ Column

ルーターとは

ルーターとは、家庭内の複数の機器をインターネットに同時接続するためのネットワーク機器です。現在では、光ファイバー回線、ADSL、CATVなどのインターネット接続回線の接続機器に、ルーター機能が搭載されています。ブロードバンドルーターとも呼ばれます。Wi-Fiルーターは、ルーターに無線LAN接続機能の付いた機器です。無線LANだけでなく、LANケーブルでも接続できるのが一般的です。

Macで接続を確認する

LANケーブルを接続したら、Macでインターネットに接続できるか確認してみましょう。

01 「システム設定」の 「ネットワーク」をクリック

Dockから「システム設定」をクリックして起動し、 「ネットワーク」をクリックします。
画面右側の「Ethernet」が「接続済み」と表示されて いれば、ルーターに接続されています。

ルーターに接続されています

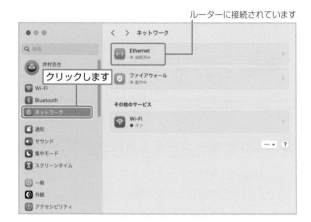

> **→ POINT**
>
> iMacにLANポートがある機種は「Ethernet」が表示 されます。USBメモリーアダプタなどを使ってLAN ケーブルと接続する場合は、アダプタによって名称 が異なるので◎の表示される項目で確認してくだ さい。

02 インターネットに接続してみる

DockからSafariを起動して、ホームページが表示 されるのを確認します。

1.クリックしてSafariを起動します

2.Webページが表示されたら大丈夫です

⏻ Column

Macのインターネット接続を共有する

ホテルでの滞在時などでは、部屋に有線LANだけが用意されておりWi-Fiがないことがあります。Macを有線LANに接続できれば、MacをWi-Fiルーターとして、iPhone/iPadや他のMacをインターネットに接続できます。

「システム設定」を起動して、「一般」を選択して「共有」を表示します。右側のリストにある「インターネット共有」をクリックしてオンにします。

ポップアップウインドウが開いたら、「共有する接続経路」で有線LANの名称を選択します。

「次を使用する共有先のデバイス」で「Wi-Fi」をクリックしてオンにします。

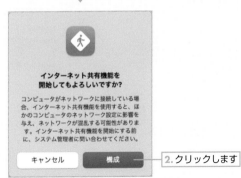

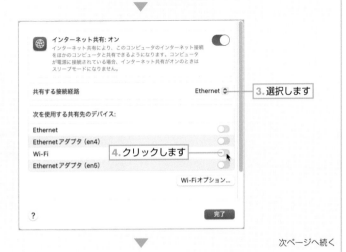

次ページへ続く

「セキュリティ」で「WPA2/WPA3パーソナル」を選択して「パスワードを表示」をチェックし、「パスワード」でパスワードを確認します。このパスワードがiPhoneなどからMacに接続する際のパスワードとなりますので、わかりやすいパスワードに変更してもかまいません。

「ネットワーク名」がiPhone/iPadなどから接続するときのWi-Fiの名称となります。

「OK」ボタンをクリックして、ウインドウを閉じます。

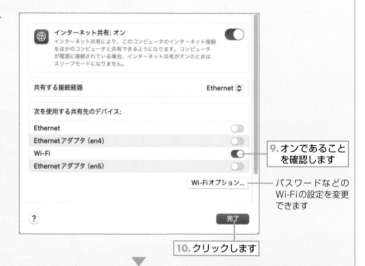

前の画面に戻るので、「Wi-Fi」がオンになっているのを確認して「完了」をクリックします。

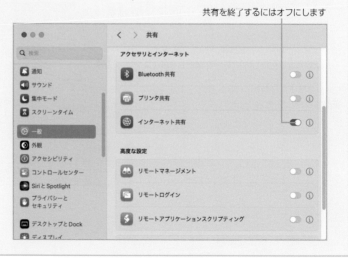

これで、iPhone/iPadや他のMacからWi-Fiで接続できます。

共有を終了するには、「インターネット共有」をオフにしてください。

▶ **Section 3-3**　iPhone・iPad「設定」▶「インターネット共有」/ Instant Hotspot

iPhone/iPad経由でテザリング接続する

テザリングに対応しているiPhone/iPadを使えば、iPhone/iPadを経由してMacからインターネットに接続できます。外出中にMacからインターネットに接続したいときなどに便利な接続方法です。MacとiPhone/iPadは、USBケーブルでつなぐ以外に、BluetoothやWi-Fiでも接続できます。

iPhone/iPadの設定

iPhone/iPadでMacからテザリング接続できるように設定します。
ここでは、iPhone（iOS 16）で説明します。

01 「設定」をタップ

「設定」をタップします。

02 「インターネット共有」をタップ

「インターネット共有」をタップします。

> ➡ **POINT**
>
> 「インターネット共有」が表示されない場合は、「モバイルデータ通信」をタップし、次の画面で「インターネット共有」をタップしてください。

**03 「インターネット共有」を
オンにする**

「ほかの人の接続を許可」をタップしてオンにします。

1. タップします

2. タップします

⏻ Column

Wi-FiやBluetoothがオフの場合

Wi-FiやBluetoothがオフになっていると、ポップアップが表示されWi-FiやBluetoothをオンにできます。ここでオンにしても、あとから手動でオフに変更できます。

> ➡ **POINT**
>
> Macからインターネット接続しないときは、「インターネット共有」はオフにしておきましょう。

3. オンにします

> ➡ **POINT**
>
> iPadでインターネット共有をするにはWi-Fi＋Cellularタイプのモデルが必要です。

MacとiPhone/iPadをUSBケーブルでつないでインターネットに接続する

　テザリングできるように設定したiPhone/iPadとMacをUSBケーブルでつなぐと、自動的にインターネットに接続できるようになります。

　Safariを起動して、Webページが表示できるか確認してください。

MacとiPhone/iPadをUSBケーブルで接続します

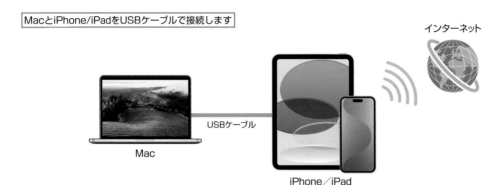

Mac

USBケーブル

iPhone／iPad

インターネット

> → POINT
>
> iPhone/iPadを接続した際、「写真」やiTunesが起動したらそのまま終了してかまいません。

> → POINT
>
> iPhone/iPadでテザリングを行うには、各キャリア（au/ソフトバンク/ドコモなど）とのオプション契約が必要な場合があります。

> → POINT
>
> テザリングでMacからインターネットに接続すると、画面上部または時計表示が塗りつぶされて表示されます。
>
> 表示されます
>
>

MacとiPhone/iPadをWi-Fiでつないでインターネットに接続する

　MacからiPhone/iPadにWi-Fiで接続して、インターネットに接続することもできます。

　Macからはメニューバー右上の 🛜 をクリックして、リストから「iPhone」を選択します。

　Wi-Fi接続のパスワードは、iPhone/iPadの「インターネット共有」設定画面の「"Wi-Fi"のパスワード」をタップすると表示されるので、正しく入力してください（パスワードの入力は初回だけ必要です）。

　また、iPhoneに表示された「"インターネット共有"を共有」をタップすると、パスワードを入力せずにインターネット接続できます。接続できると、メニューバーのアイコンが ⚯ に変わります。

1. クリックします

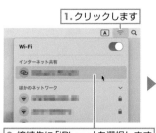

2. 接続先に「iPhone」を選択します

3. iPhone/iPadの"Wi-Fi"のパスワードを入力します

4. クリックします

使い終わったら選択して接続を解除します

Wi-Fi接続パスワードの確認方法（iPhone / iPad）

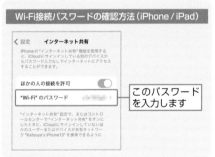

このパスワードを入力します

iPhoneに表示された「"インターネット共有"を共有」をクリックすると、Macでパスワードを入力しなくてもインターネット接続できます

Instant Hotspotを使う

　Instant Hotspotは、特に設定をしないで、iPhoneやiPadを経由してMacをインターネットに接続する機能です。

　Wi-Fiスポットが見つからない場所で、Macからインターネットに接続するのに便利な機能です。

MacとiPhone/iPadをWi-Fiで接続します

インターネット

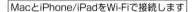

Mac

iPhone／iPad

Chapter 3

Chapter 4

● **接続のための要件**

> iPhone/iPad

3G、4G、5Gなどの通信機能を有し、iOS 8.1以上がインストールされているiPhone/iPadです。

● **同じApple IDでiCloudにサインイン**

Mac、iPhone/iPadともに、同じApple IDでiCloudにサインインしていることが必要です。

● **Instant Hotspotで接続する**

iPhone/iPadは、Bluetoothがオンになっている必要があります。

Macは、Wi-Fiをオンにしておいてください。ツールバーのWi-Fiアイコンをクリックすると、「インターネット共有」セクション内にInstant Hotspotとして利用できるiPhone/iPadが表示されるので、クリックして選択するだけでインターネットに接続できます。パスワード入力も不要です。

接続できると、メニューバーのアイコンが ◎ に変わります。

選択するだけでインターネットに接続できます

インターネット接続を切断するには、メニューバーの ◎ をクリックして、接続先のiPhone/iPadを選択します。

接続を切断するには選択します

> ⏻ **Column**
>
> **インターネット共有はオフでOK**
>
> Instant Hotspotは、iPhone/iPadの「インターネット共有」がオフになっていても利用できます。

▶**Section 3-4** 「システム設定」▶「ネットワーク」▶「ファイアウォール」

ファイアウォールを設定して外部からの不正アクセスを防ぐ

インターネットはたいへん便利なものですが、無防備に接続していると自分のMacに危険がおよぶこともあります。ファイアウォールを設定すると、ネットワークを通じて外部からMacに対して通信の受信を許可するかどうかを設定できます。Macを安全に利用するために、ファイアウォールはオンにしておくとよいでしょう。

ファイアウォールをオンにする

ファイアウォールとは、インターネットなどのネットワークに接続している際に、外部からの不正アクセスを防御するための機能のことです。

初期設定ではオフになっているので、オンにして利用することをおすすめします。

01 「システム設定」の「ネットワーク」を選択

「システム設定」を起動して、「ネットワーク」をクリックします。
「ファイアウォール」が「停止」になっている場合はクリックします。

02 ファイアウォールを有効にする

「ファイアウォール」をオンにします。

101

⏻ Column

アプリケーションごとに設定する

「オプション」ボタンをクリックすると、特定のアプリへの接続を許可できます。
また「外部からの接続をすべてブロック」をオンにすると、インターネット接続以外のアクセスもブロックできます。ファイル共有などもブロックされるので、公衆無線LANを使用する場合などに利用するとよいでしょう。

オンにすると、インターネット接続の基本通信機能以外、すべての接続を
ブロックします。公衆無線LAN環境で接続する場合に使用してください

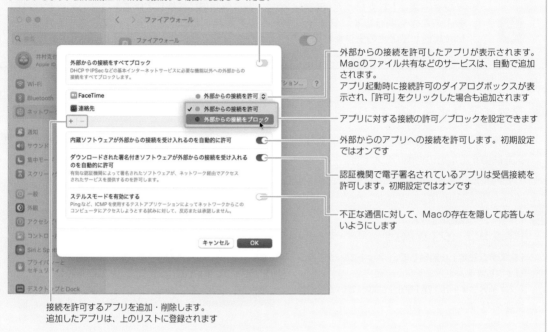

外部からの接続を許可したアプリが表示されます。
Macのファイル共有などのサービスは、自動で追加されます。
アプリ起動時に接続許可のダイアログボックスが表示され、「許可」をクリックした場合も追加されます

アプリに対する接続の許可／ブロックを設定できます

外部からのアプリへの接続を許可します。初期設定ではオンです

認証機関で電子署名されているアプリは受信接続を許可します。初期設定ではオンです

不正な通信に対して、Macの存在を隠して応答しないようにします

接続を許可するアプリを追加・削除します。
追加したアプリは、上のリストに登録されます

Chapter

4

ファイルを操作する

··

欲しいデータをすぐに探し出したり、必要なファイルを効率的に選
択するなど、ファイルの操作はMacを使いこなす上でとても重要
です。基本だからこそ、見直してみると新しい発見があります。

▶Section 4-1 ファイル / フォルダ / Finderウインドウ

ファイルやフォルダを選択する

 Finderウインドウに表示されたファイルやフォルダをコピーしたり移動するには、ファイルやフォルダを選択する必要があります。効率的にファイルを管理するための第一歩は、ファイルやフォルダを選択する方法を覚えることです。

ファイルとフォルダ

ファイルとは、Macで作成した文書や画像などのデータのことです。1つひとつに名称が付けられて、アイコンで表示されます。画像ファイルなどは、内容がプレビューされた状態で表示されます。

フォルダはファイルを管理するための入れ物のことで、自由に作成できます。

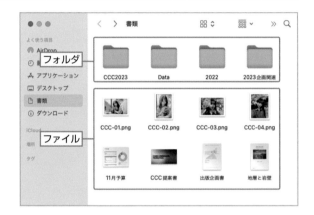

→ POINT

ファイルのアイコンは、内容を表示できるファイルはプレビュー画像が表示されます。プレビュー表示するかどうかは、「表示」メニューの「表示オプションを表示」で「アイコンプレビューを表示」で設定でき、オフにすると汎用アイコンで表示されます。

「表示」メニューの「表示オプションを表示」で設定ウインドウを表示して、「アイコンプレビューを表示」のチェックを外します

ファイルのアイコンが汎用アイコンで表示されます

１つのファイルを選択する

ファイルをクリックすると選択され、反転
表示されます。

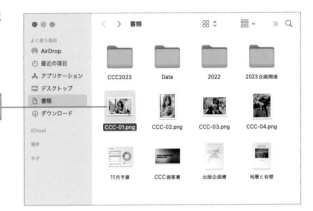

クリックすると選択され
反転表示になります

複数のファイルを選択する

マウスをドラッグすると、ドラッグして表
示される長方形に触れているファイルやフォ
ルダはすべて選択できます。

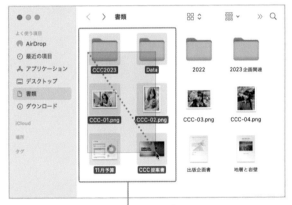

ドラッグして表示される長方形に触れている
ファイルやフォルダは選択されます

> **→ POINT**
> アイコン上からドラッグを開始すると、アイコンが移動
> してしまうので、アイコン以外の場所からドラッグして
> ください。

> **→ POINT**
> リスト表示やカラム表示では、ドラッグすると連続する複
> 数のファイルを選択できます。
> ファイル名の上からドラッグを開始すると、アイコンが移
> 動してしまうので、ファイル名のない場所からドラッグし
> てください。

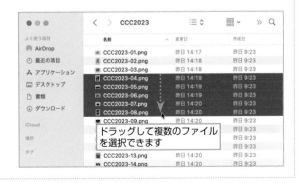

ドラッグして複数のファイル
を選択できます

⌘キーを使って選択

⌘キーを押しながらクリック、またはドラッグすると、追加して選択できます。

また、選択済みのファイルやフォルダを⌘キーを押しながらクリック、またはドラッグすると、選択解除できます。

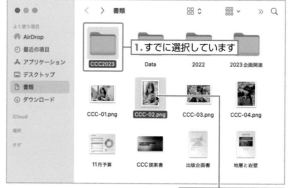

1. すでに選択しています

2. ⌘+クリックして選択に追加できます

→ POINT

⌘キーの代わりに shift キーを押しても、同様に選択できます。

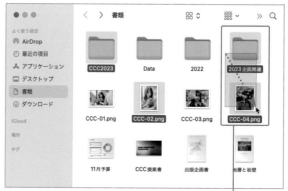

3. ⌘キーを押しながらドラッグすると、選択に追加できます

⏻ Column

すべてを選択する

「編集」メニューの「すべてを選択」を選択すると、フォルダ内のすべてのファイルやフォルダを選択できます。

4. 選択済みのファイルを⌘+クリックすると選択を解除できます

 ShortCut

すべてを選択
⌘ + A

▶ **Section 4-2**　アクションボタン ▶「新規フォルダ」/「ファイル」メニュー ▶「新規フォルダ」

フォルダを作成する

ファイルを管理するためのフォルダは、ホームフォルダの中であれば自由に作成できます。
ファイルを管理するために、フォルダを上手に活用しましょう。

フォルダを作成する

01 アクションボタン ⊙ ˇ から「新規フォルダ」を選択

ツールバーのアクションボタン ⊙ ˇ をクリックして、
「新規フォルダ」を選択します。
「ファイル」メニューの「新規フォルダ」を選択して
もかまいません。

1.クリックします

2.選択します

02 フォルダ名称を変更する

「名称未設定フォルダ」という新しいフォルダが作成
されます。名称が編集できる状態なので、名称を入
力します。

> **→ POINT**
>
> 「編集」メニューの「取り消す」を選択すると、直前
> の操作を取り消せます。
> ショートカットキーは ⌘ + Z です。

> **→ POINT**
>
> フォルダ名が確定してしまっても、return キーを押
> すと編集できます。

1.「名称未設定フォルダ」という新しいフォルダが作成されます

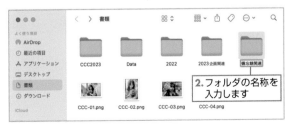

2.フォルダの名称を入力します

⚡ ShortCut

新規フォルダ
shift + ⌘ + N

⏻ Column

ファイルをまとめるフォルダを作成する

フォルダにまとめたいファイルやフォルダを選択して、ツールバーの⊝⌄をクリックして「選択項目から新規フォルダ」を選択します。新しいフォルダが作成され、選択したファイルやフォルダがフォルダ内に移動します。

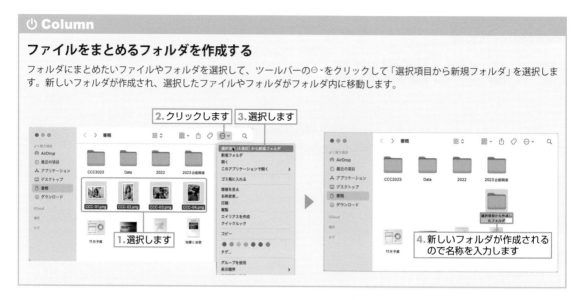

⏻ Column

「システム設定」の「外観」

「システム設定」の「外観」では、ウインドウの外観（見た目）について設定できます。

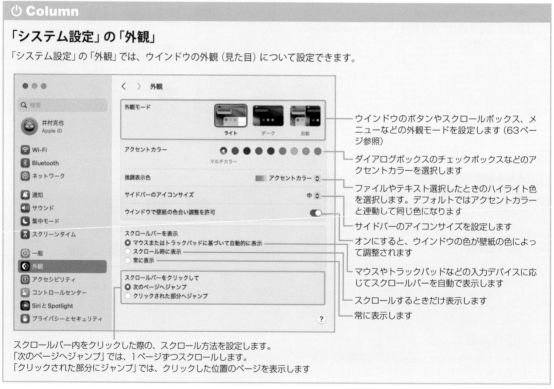

ウインドウのボタンやスクロールボックス、メニューなどの外観モードを設定します（63ページ参照）

ダイアログボックスのチェックボックスなどのアクセントカラーを選択します

ファイルやテキスト選択したときのハイライト色を選択します。デフォルトではアクセントカラーと連動して同じ色になります

サイドバーのアイコンサイズを設定します

オンにすると、ウインドウの色が壁紙の色によって調整されます

マウスやトラックパッドなどの入力デバイスに応じてスクロールバーを自動で表示します

スクロールするときだけ表示します

常に表示します

スクロールバー内をクリックした際の、スクロール方法を設定します。
「次のページへジャンプ」では、1ページずつスクロールします。
「クリックされた部分にジャンプ」では、クリックした位置のページを表示します

▶ Section 4-3　アイコンをドラッグ / スプリングローディング

ファイルを移動する

ファイルやフォルダは、保存する場所を自由に変更できます。ファイルとフォルダが同じウインドウに表示されている場合は移動がかんたんなんですが、見えないフォルダに移動するには、新しいFinderウインドウを表示したり、スプリングローディングを使って移動しましょう。

フォルダに入れる

ファイルをフォルダに入れるには、アイコンをフォルダにドラッグします。複数のファイルやフォルダを選択してドラッグすれば、選択したファイルはすべて移動します。

→ POINT

「編集」メニューの「取り消す」を選択すると、直前の操作を取り消せます。
ショートカットキーは ⌘ + Z です。

ShortCut

1つ上の階層に戻る
⌘ + ↑

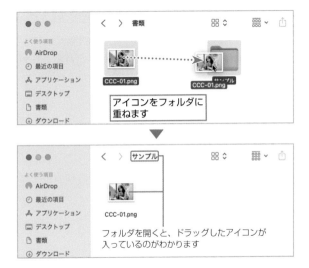

アイコンをフォルダに
重ねます

フォルダを開くと、ドラッグしたアイコンが
入っているのがわかります

表示されていないフォルダに移動する

Finderウインドウに表示されていないフォルダに移動するには、2つのFinderウインドウを使い、移動元と移動先のフォルダを表示すると操作がかんたんです。

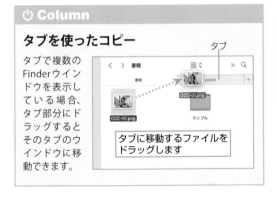

⏻ Column

タブを使ったコピー

タブで複数のFinderウインドウを表示している場合、タブ部分にドラッグするとそのタブのウインドウに移動できます。

タブ

タブに移動するファイルを
ドラッグします

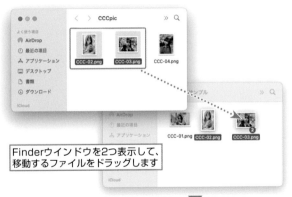

Finderウインドウを2つ表示して、
移動するファイルをドラッグします

> **→ POINT**
>
> 「編集」メニューの「やり直す」を選択すると、「取り
> 消す」で取り消した操作を再実行できます。
> ショートカットキーは shift + ⌘ + Z です。

アイコンが
なくなりました

ファイルが移動しました

フォルダを自動で開いて移動する（スプリングローディング）

　アイコンを移動先のフォルダに重ねた際に、マウスボタンを押したままにすると、フォルダが自動的に開き、開いたフォルダに移動できます。これを「スプリングローディング」といいます。

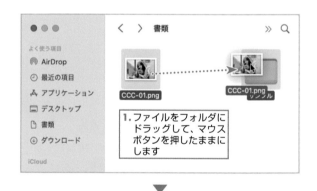

1. ファイルをフォルダに
ドラッグして、マウス
ボタンを押したままに
します

> **→ POINT**
>
> スプリングローディングの反応時間や有効/無効は、シ
> ステム設定「アクセシビリティ」の「ポインタコントロー
> ル」で設定できます。

2. ドラッグ先のフォルダが開きます

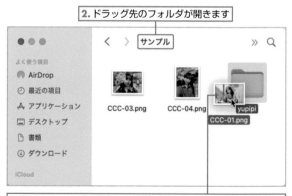

> **→ POINT**
>
> スプリングローディングは、サイドバーに表示された
> フォルダや、他のタブで表示されてるフォルダにも有効
> です。
> ▭▭▭（スペース）キーを押すと、カーソルを重ねている
> フォルダの内容をすぐに表示できます。
> Finderウインドウの外側にアイコンを一度出すと、元の
> フォルダが表示されます。

3. 開いたフォルダの中のフォルダに重ねてマウスボタンを放すと、
このフォルダの中に移動できます

⏻ Column

他のディスクへの移動はコピーとなる

USBメモリや外付けディスクなど、内蔵ディスク以外の
ディスクへの移動は、コピーとなります。

▶ **Section 4-4**　　「ファイル」メニュー ▶「複製」／「編集」メニュー ▶「コピー」「ペースト」

ファイルをコピーする／ ファイル名やフォルダ名を変更する

　ファイルやフォルダは、同じデータのコピーを作成できます。元のデータを残しておき、新しいデータとして作成するときなどに便利です。

同じフォルダ内にコピーする

　同じフォルダ内にコピーするには、ファイルやフォルダを選択して「ファイル」メニューの「複製」を選択します。

POINT

「編集」メニューの「取り消す」を選択すると、直前の操作を取り消せます。ショートカットキーは ⌘ ＋ Z です。

ShortCut

ファイルやフォルダの複製

⌘ ＋ D

ファイルやフォルダの名称を変更する

　ファイルやフォルダを選択して return キーを押すと、ファイル名が編集可能な状態になります。

POINT

アイコンをクリックして選択したあと、名称部分をクリックしても編集できます。

111

移動先にコピーを作成する

ファイルをドラッグして移動する際に、移動先で option キーを押すとカーソルが になり、その状態でマウスボタンを放すと、元のファイルを残したまま移動先にファイルをコピーできます。

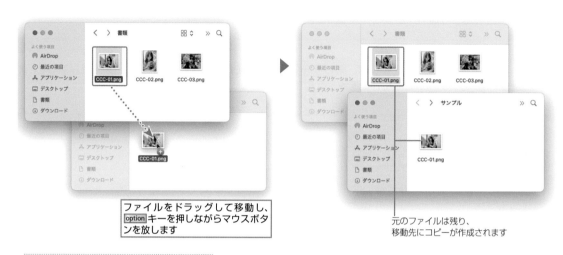

ファイルをドラッグして移動し、option キーを押しながらマウスボタンを放します

元のファイルは残り、移動先にコピーが作成されます

> ### → POINT
> 同じフォルダ内で option ＋ドラッグしてもコピーできます。

コピー＆ペーストでファイルをコピーする

「編集」メニューの「コピー」(⌘ ＋ C)、「ペースト」(⌘ ＋ V) を使っても、ファイルをコピーできます。

2. ⌘ ＋ C で「コピー」します

3. コピー先のフォルダを表示します

4. ⌘ ＋ V で「ペースト」します

1. コピーするファイルを選択します

5. ファイルがコピーされました

> ### → POINT
> 同じフォルダ内でコピー＆ペーストしてもコピーできます。

> **Section 4-5** アクションボタン ▶「名称変更」/「Finder項目の名称変更」

複数のファイルの名前を一括して変更する

 macOS Sonomaでは、選択した複数のファイルの名称を一括して変更できます。共通のファイル名に通し番号を付けたり、ファイル名の一部を検索して他の名前に変更したり、ファイル名の前や後に統一したテキストを挿入することが可能です。

ファイル名を通し番号を付けて一括変更する

01 アクションボタン ⊙⌄ から「名称変更」を選択

ファイル名を変更するファイルを選択します（作例は全ファイル選択していますが一部でもかまいません）。
ツールバーのアクションボタン ⊙⌄ をクリックして、「名称変更」をクリックします。

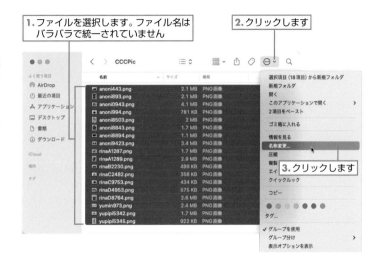

1. ファイルを選択します。ファイル名はバラバラで統一されていません
2. クリックします
3. クリックします

02 変更するフォーマットを設定して変更

「Finder項目の名称変更」ダイアログボックスが表示されるので、左上を「フォーマット」に設定します。
「名前のフォーマット」として「名前とカウンタ」、カスタムフォーマットに全てに共通して付ける文字を入力します。
「場所」でカウンタを付ける位置を設定し、「開始番号」でカウンタの開始番号を入力します。
設定が完了したら、「名称変更」ボタンをクリックします。

4. インデックス/カウンタ/日付を入れる場所を選択します
5. インデックス/カウンタの開始番号を設定します
1. 「フォーマット」を選択します

Finder項目の名称変更:

フォーマット

名前のフォーマット: 名前とカウンタ　　　場所: 名前の後

カスタムフォーマット: CCC　　　開始番号: 1

例: CCC00001.png　　　キャンセル　名称変更

3. 共通に付ける名前を入力します
設定した形式の例が表示されるので、参考にしてください

2. 名前のフォーマットを選択します
6. クリックします

名前とインデックス ── 名前と通し番号となります
✓名前とカウンタ ── 名前と0000N形式のカウンタとなります
名前と日付
名前と今日の日付となります

113

03 ファイル名が変わりました

指定したフォーマットのファイル名に変わりました。

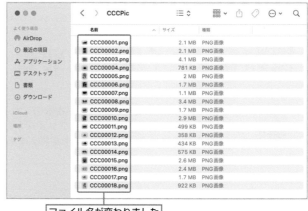

ファイル名が変わりました

→ **POINT**

「編集」メニューの「取り消す」を選択すると、直前の操作を取り消せます。
ショートカットキーは ⌘ + Z です。

その他の変換方法

●テキストを置き換える

ファイル名の一部を他のテキストに置き換えます。

1. 選択します
2. 検索する文字を入力します
3. 置き換える文字を入力します

●テキストを追加

ファイル名にテキストを追加します。

1. 選択します
2. 追加する文字を入力します
3. 追加する場所を選択します

▶ **Section 4-6**　アクションボタン ▶「情報を見る」/「Finder設定」ウインドウ

ファイルの拡張子の表示方法を覚えよう

ファイル名には、そのファイルがどんなアプリで作成されたか、またはどんな種類なのかを表す「拡張子」が付いています。Macでは基本的に拡張子は非表示ですが、設定によって表示することもできます。

拡張子とは

　拡張子とは、たとえば「CCC-01.png」の「.」の後ろにある「png」のことで、ファイルがどんなアプリで作成されたか、どんな種類なのかを表します。「png」は、png形式の画像ファイルということを表します。

　一般的に、どんなファイルにも拡張子は付いていますが、Macでは、拡張子は表示されないのが基本です。ただし、デジタルカメラから取り込んだ画像やWindows PCやメール添付されてきたファイルなど、表示される場合もあります。

拡張子　これらのファイルの拡張子は
　　　　表示されていません

● 拡張子の表示／非表示の設定

　ファイルの拡張子の表示／非表示は、ファイルごとに設定できます。ファイルを選択して ☺ ⌄ をクリックし、「情報を見る」を選択します。

　選択したファイルの情報ウインドウで「名前と拡張子」の「拡張子を非表示」オプションで設定します。

拡張子の表示/非表示
を設定します

ShortCut

情報を見る
⌘ + I

⏻ Column

常に拡張子を表示する

すべてのファイルの拡張子を表示するには、「Finder」メニューから「設定」を選択します。「Finder設定」ウインドウの「詳細」パネルで「すべてのファイル名拡張子を表示」をチェックします。表示されない場合（またはオフにしても表示される場合）は、何度かオン/オフを繰り返してみてください。

➡ POINT

拡張子を削除すると、作成したアプリで開けなくなるなどのトラブルの元となります。削除しないでください。

▶ **Section 4-7**　「システム設定」▶「Apple ID」▶「iCloud」▶「iCloud Drive」

iCloud Driveを使う

 iCloud Driveは、iCloudを外付けディスクのように扱える機能です。アプリから直接アクセスするだけでなく、Finderウインドウの「iCloud Drive」を使うと、同じiCloudアカウントを使っているMacやiPhone/iPadでファイルを自動的に同期できます。

iCloud Driveを使う設定

「システム設定」の「Apple ID」を選択し（サインインが必要）、「iCloud」を選択して「iCloud Drive」をオンにします。

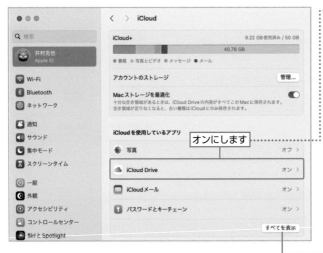

オンにします

「iCloud Drive」をオンにすると、オプション設定のダイアログが表示されます

Macと同期します

クリックすると、iCloudに書類とデータを保存できるアプリが表示され、使用するアプリを選択できます

⏻ Column

Macストレージを最適化

「Macストレージを最適化」オプション（デフォルトで有効）は、Mac内のストレージ（HDDやSSD）の空き領域が少なくなると、使わないファイルや古いファイルはiCloud Driveに残して、Macから削除して空き領域を増やします。

iCloud Drive を使う

Finderウインドウの「iCloud Drive」を選択すると、iCloud Driveに保存されているデータがMac内にダウンロードされて表示されます。

このフォルダにファイルやフォルダを移動すると、自動でiCloud Driveにアップロードされます。

同じiCloudアカウントでサインインしている他のMacやiPhone/iPadでは、自動でiCloud Driveと同期され、最新のデータが表示されます。

iCloud Driveの最新状態が表示されます

> ▶ **POINT**
>
> 「iCloud Drive」は、iCloudに保存されているファイルやフォルダと同じ状態になる特殊なフォルダです。

未ダウンロードのファイルがあると
表示されます

●「"デスクトップ"フォルダと "書類"フォルダ」オプション

前ページのオプション画面で「"デスクトップ"フォルダと"書類"フォルダ」をオンにすると、Mac内のデスクトップと「書類」フォルダが、保存していたファイルごとiCloud Driveにコピーされます。

これに伴い、サイドバーの表示も「デスクトップ」と「書類」が「iCloud」カテゴリーに移動します。

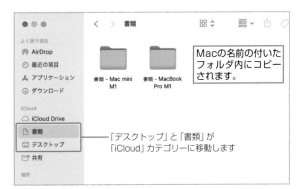

Macの名前の付いた
フォルダ内にコピー
されます。

「デスクトップ」と「書類」が
「iCloud」カテゴリーに移動します

⏻ Column

「書類－ローカル」の表記

iCloud Driveをオンにして、「"デスクトップ"フォルダと"書類"フォルダ」をオフにすると、Finderウインドウで「書類」フォルダを表示した際の表記が「書類－ローカル」となります。同様に、デスクトップフォルダを表示した場合は「デスクトップ－ローカル」となります。

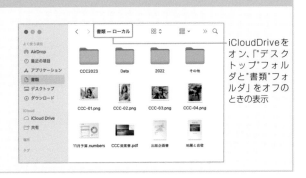

iCloudDriveを
オン、「"デスク
トップ"フォル
ダと"書類"フォ
ルダ」をオフの
ときの表示

● iCloud Driveからのデータ移動

iCloud Driveのファイルやフォルダを iCloud Drive以外のフォルダに移動すると、他のMacやiPhone/iPadからも削除されます。

iCloud Drive からファイルを移動する際に表示される警告

⏻ Column

「"デスクトップ"フォルダと "書類"フォルダ」オプションをオフにする

「"デスクトップ"フォルダと"書類"フォルダ」オプションをオフにすると、デスクトップと「書類」フォルダのファイルはiCloud Driveに残り、Macからは削除されます。

Macに保存したいときは、iCloud DriveからMacに移動してください。

「"デスクトップ"フォルダと"書類"フォルダ」オプションをオフにすると表示されるダイアログボックス

⏻ Column

iCloud+で容量アップ

「書類」フォルダや「デスクトップ」にデータ量が多く、iCloudのプランの容量以上になる場合は、有料プランへの加入が必要になります。無料プラン内で利用するには、容量の大きなデータや、iCloud Driveに保存する必要のないデータは、「書類」フォルダ以外のフォルダに保存してください。

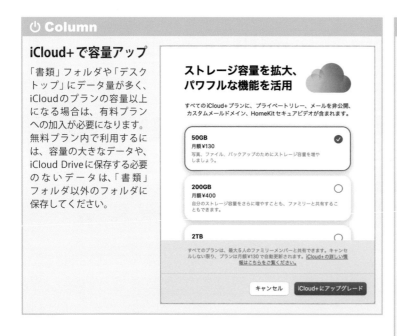

⏻ Column

iPhone / iPadからの アクセス

iPhone/iPadの「ファイル」アプリから、iCloud Driveにアクセスすることができます。

iCloud Driveをファイルの保存先に指定する

　iCloud Driveフォルダに表示されたアプリの名称のフォルダは、各アプリの専用フォルダです。このフォルダに保存すると、iPhone/iPadのアプリからデータにアクセスできます（フォルダ外に保存したデータは、iPhone/iPadのアプリからはアクセスできません）。

　アプリから保存する際に「アプリ名－iCloud」に保存すると、アプリ名のフォルダ内に保存されます。「iCloud Drive」に保存すると、iCloud Drive直下に保存されます。

　iPhone/iPadでも利用するデータは、「アプリ名－iCloud」に保存してください。

iCloud Driveのアプリフォルダに保存されます

iCloud Drive直下に保存されます

POINT
iCloudのWebページ（iCloud.com）の「iCloud Drive」では、iCloud Driveに保存したファイルやフォルダが表示され、アップロードやダウンロード、削除が可能です。117ページを参照してください。

⏻ Column

「iCloud Drive」をオフ、またはiCloudからサインアウトする

「iCloud Drive」をオフ、またはiCloudをサインアウトすると、Finderウインドウの「iCloud Drive」に表示されるMacに保存されているファイルやフォルダを削除するか、Macに残すかを選択するウインドウが表示されます。
「コピーを残す」ボタンをクリックすると、ホームフォルダの「iCloud Drive（アーカイブ）」フォルダにコピーが残ります。
「Macから削除」ボタンをクリックすると、Macから削除されますが、iCloud上にはデータが残っているので、再度サインインすれば同期されて、Finderウインドウの「iCloud Drive」に表示されます。

iCloudからサインアウトすると、iCloud Driveのデータは削除されます

iCloud Driveをオフにすると、iCloudに保存されているすべての書類がこのMacから削除されます。

iCloudにアップロードされた書類は、iCloudを使用しているほかのデバイスでは引き続き利用できます。

Macから削除

コピーを残す

キャンセル

▶**Section 4-8**　アクションボタン ▶「圧縮」/「解凍」

ファイルやフォルダを圧縮する／元に戻す（解凍する）

アーカイブ**.zip**

複数のファイルや、サイズが大きいファイルをメールで送りたいときには、ファイルを圧縮すると便利です。圧縮ファイルは1つのファイルになり、元ファイルに比べてサイズが小さくなります。

「圧縮ファイル」とは？

ファイルの圧縮とは、選択した1つまたは複数のファイルを1つにまとめて、ファイルサイズを小さくすることです。圧縮したファイルは「圧縮ファイル」と呼ばれます。

圧縮にはさまざまな方式があり、Macではzip形式の圧縮機能が標準で搭載されています。

1. 圧縮するファイルを選択します

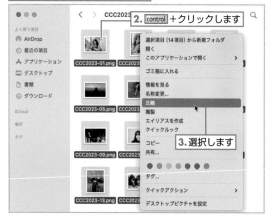

圧縮しても、元のファイルはなくなりません

4. 圧縮ファイルが作成されました

→ **POINT**

ファイルを選択して、「ファイル」メニューから「圧縮」を選択してもかまいません。

→ **POINT**

zip形式はWindowsでも標準採用されている圧縮形式のため、Windowsを利用しているユーザに送る場合でも問題なく利用できます。

→ **POINT**

1つのファイルやフォルダを圧縮する場合、圧縮フォルダの名称は、「選択したファイル名／フォルダ名」.zipとなります。

⏻ **Column**

Windowsで文字化けする場合は

圧縮したファイルに日本語の名前のファイルが含まれていると、Windowsで解凍した際にファイル名が文字化けします。文字化けしない圧縮ファイルを作るには、keka（App Storeで入手可能：700円）などを利用するとよいでしょう。

圧縮ファイルを元に戻す（解凍する）

　圧縮したファイルを元に戻すことを、「解凍する」「展開する」などといいます。また、圧縮したファイルを解凍するソフトのことを、解凍ソフトと呼ぶこともあります。

　zip形式で圧縮されているファイルは、ダブルクリックして解凍できます。

1. ダブルクリックします

▼

2. 解凍されます

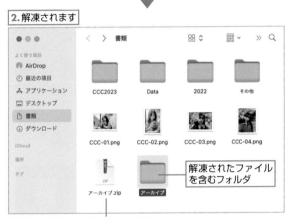

解凍されたファイルを含むフォルダ

解凍後も、圧縮ファイルはそのまま残ります

Chapter 3

Chapter 4

▶ Section 4-9　ゴミ箱 /「Finder」メニュー ▶「ゴミ箱を空にする」

不要なデータを削除する

 誤ってコピーしたファイルなど、不要なデータは削除できます。Macでは、削除したデータはゴミ箱に入り、ゴミ箱を空にするまでは完全に削除されません。間違って削除した場合でも、ゴミ箱から元に戻すことができます。

ファイルやフォルダをゴミ箱に入れる

不要なファイルやフォルダを選択し、Dockのゴミ箱にドラッグして入れます。

ゴミ箱に入れると、ゴミ箱のアイコンはゴミが入った状態に変わります。

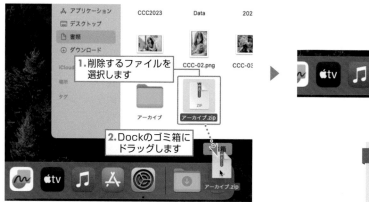

1. 削除するファイルを選択します

2. Dockのゴミ箱にドラッグします

3. ゴミ箱のアイコンがゴミが入った状態に変わります

> **ShortCut**
>
> 選択したファイルをゴミ箱に入れる
>
> ⌘ + delete

ゴミ箱の中身を見る

Dockのゴミ箱をクリックすると、ゴミ箱の中身を表示できます。

2. Finderウインドウでゴミ箱の中身が表示されます

1. クリックします

> **Column**
>
> ### ゴミ箱から戻す
>
> Finderウインドウのゴミ箱に表示されたファイルやフォルダは、他のフォルダに移動すれば取り出すことができます。また、ゴミ箱内のファイルを選択して「ファイル」メニューの「戻す」（⌘ + delete）を選択すると、元の場所に戻せます。

ゴミ箱を空にする

　ゴミ箱に入れたファイルやフォルダは、前述のように取り出すことができます。ゴミ箱に入れたファイルやフォルダを完全に削除するには、Dockのゴミ箱アイコンを control キーを押しながらクリック（右クリックでも可）して「ゴミ箱を空にする」を選択します。

　ゴミ箱の内容をFinderウィンドウで表示し、右上の「空にする」ボタンをクリックしてもかまいません。あるいは「Finder」メニューの「ゴミ箱を空にする」を選択してもかまいません。

2.選択します

1. control ＋クリックします

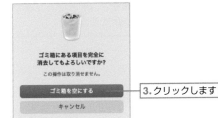

3.クリックします

4.ゴミ箱が空になりました

クリックするとゴミ箱を空にできます

ShortCut

ゴミ箱を空にする
shift ＋ ⌘ ＋ delete

→ POINT

ゴミ箱を空にすると、ファイルやフォルダを取り出すことができなくなります。

ゴミ箱に入れずにすぐに削除する

　ファイルまたはフォルダを選択し、「ファイル」メニューを option キーを押しながら選択し「すぐに削除」を選択するか、 option キーと ⌘ キーと delete キーを押すと、ゴミ箱に入れずに即座に削除できます。
　確認のダイアログボックスが表示されるので、「削除」ボタンをクリックします。

削除してよい場合はクリックします

→ POINT

ゴミ箱の中のファイルやフォルダを選択し、「ファイル」メニュー（または control ＋クリックメニュー）から「戻す」を選択すると、ゴミ箱から元の保存場所に戻せます。

▶Section 4-10 　「ファイル」メニュー ▶「エイリアスを作成」/ アクションボタン ▶「エイリアスを作成」

ファイルやフォルダの分身を作成する（エイリアス）

よく使うファイルや作業中のファイルが、フォルダが入れ子になった奥深い階層にある場合、目的のファイルを開くのに時間がかかります。Macでは、エイリアスという、ファイルやフォルダの分身を作成でき、デスクトップや「書類」フォルダの最上位に置いておけば、ファイルをすぐに開くことができます。

エイリアスを作成する

エイリアスは、ファイルやフォルダだけでなく、アプリに対しても作成できます。

エイリアスを作成するファイルやフォルダ、アプリを選択し、 control キーを押しながらクリックし（または「ファイル」メニューかツールバーの ⊙ ˇ をクリックし）「エイリアスを作成」を選択します。

フォルダのエイリアスなら、どこに置いてあっても、ダブルクリックすれば元のフォルダの内容が表示されます。また、エイリアスを削除しても、元のファイルやフォルダは削除されません。

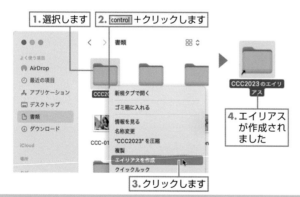

ShortCut

エイリアスを作成
control ＋ ⌘ ＋ A

→ POINT

エイリアスとは、Windowsのショートカットのことです。

→ POINT

エイリアスを選択して ⌘ キーと R キーを押すと、エイリアスのオリジナルを表示できます。

⏻ Column

ドラッグしてエイリアスを作成する

エイリアスを作成したいファイルやフォルダをドラッグし、 option キーと ⌘ キーを押しながらマウスボタンを放すと、ドラッグ先にエイリアスを作成できます。デスクトップにエイリアスを作成するのに便利です。

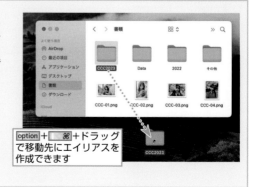

option ＋ ⌘ ＋ドラッグで移動先にエイリアスを作成できます

▶ **Section 4-11**　Spotlight /「ファイル」メニュー ▶「検索」

ファイルを検索する（Spotlight）

ファイルが増えてくると、保存場所がわからなくなったり、書いた内容は覚えているのにファイル名がわからなくて探せないことがあります。Macには、Spotlightという検索機能が搭載されており、Mac内の情報をファイル名だけでなく、ファイルの内容、カレンダーやアプリに入力した内容まで一括して検索できます。

デスクトップで検索

メニューバーの右上のSpotlightアイコン🔍をクリックすると、検索フィールドが表示されます。検索したい単語などを入力すると、条件に合致したファイルやフォルダ、アプリに記入した予定などが表示されます。また、リスト下部には、Macの辞書の項目や、Web検索の項目も表示されます。

01 検索フィールドを表示する

メニューバーのSpotlightアイコンをクリックします。
画面中央に検索フィールドが表示されます（使い始めは、画面にお知らせが表示されます）。

クリックします

検索条件を入力するフィールドです

🔍 Spotlight 検索

02 検索条件を入力する

検索フィールドに検索条件を入力すると、条件に合致した情報がリストに表示されます。
リストの情報に tab キーを押してカーソルを移動すると、内容が右側に表示されます（↑↓←→キーで移動できます）。
ダブルクリックすると（反転している状態で return キーを押しても可）、ファイルを開いたりアプリが起動します。

→ **POINT**

検索条件を空白で区切って入力すると、複数の条件に合致した情報を検索できます。

複数の条件は空白で区切って入力します

🔍 USB インストーラー mac

・ USB インストーラー mac
・ mac usb インストーラー 削除
・ usb インストーラー mac os
・ mac os インストーラー usb

Webサイト

macOS の起動可能なインストーラを作成する — support.apple.com/ja-jp/HT201372
外付けのドライブやセカンダリボリュームを起動ディスクとして使い、そこから Mac オペレーティングシステム…

OS X 10.7 Lion ~ macOS — applech2.com/.../how-to-create-usb-installer-lion-to-high-sie...
10.13 High Sierra までの…
OS X 10.7 Lion ~ macOS 10.13 High Sierra までのインストーラーアプリをダウンロードし、USBインスト…

1.検索条件を入力します

2.検索条件に合致した
情報がリスト表示さ
れます

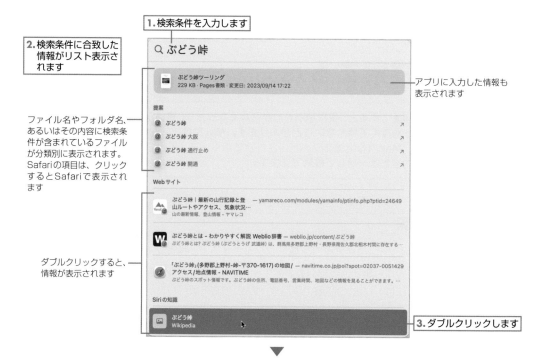

アプリに入力した情報も
表示されます

ファイル名やフォルダ名、
あるいはその内容に検索条
件が含まれているファイル
が分類別に表示されます。
Safariの項目は、クリック
するとSafariで表示され
ます

ダブルクリックすると、
情報が表示されます

3.ダブルクリックします

4.クリックした項目の情報が表示されます

Column

Spotlightで検索できるもの

Spotlightでは、アプリ、「システム設定」、書類、フォルダ、
メールメッセージ、連絡先、メッセージ、イメージ、PDF、
カレンダーのイベント、ミュージックファイル、ムービー
などが検索されます。

ShortCut

メニューバーのSpotlightで検索
⌘ + （スペースキー）

Spotlightの設定

「システム設定」の「SiriとSpotlight」では、検索結果で表示される項目や、検索から除外するフォルダを設定できます。

メニューバーのSpotlightで検索する対象のオン／オフを設定します

検索対象から除外するフォルダを設定します。＋ボタンをクリックしてフォルダを指定するか、Finderウインドウを開いて、フォルダをこのウインドウにドラッグしてください

Finderウインドウでのファイル検索

Finderウインドウでも Spotlightで検索できます。検索対象はファイルだけになります。

検索結果のファイルをダブルクリックすると、ファイルが開きます。

ファイルをクリックして選択すると、ウインドウ下部に保存フォルダが表示されます。

フォルダ名をダブルクリックすると、そのフォルダの中を表示できます。

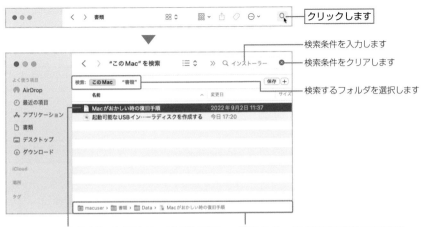

クリックします

検索条件を入力します

検索条件をクリアします

検索するフォルダを選択します

ダブルクリックするとファイルが開きます

選択したファイルの保存場所が表示されます。ダブルクリックしてフォルダを表示できます

ShortCut

Spotlightで検索
⌘ + F

⏻ Column

ファイルの種類や日付で絞り込む

「ファイル」メニューの「検索」(⌘+F)を選択
して表示されるFinderウインドウでは、検索条件の
結果をファイルの種類や日付などで絞り込んで表示
できます。

検索条件を入力するときにポップアップで表示され
る「名前に"○○"を含む」をクリックすると、ファイ
ル名に条件が合致したファイルだけ表示されます。
「"○○"を含む」をクリックすると、ファイルの内容
に条件が含まれているファイルが表示されます。

選択すると、ファイル名が一致するファイルだけが表示されます

最終変更日などの日付で絞り込むこともできます

絞り込み条件は複数設定できます

絞り込み条件は、条件欄の右にある⊞ボタンで追加、
⊟ボタンで削除できます。

絞り込み条件を追加／削除できます

1. 検索フィールドを空欄にします

また、検索フィールドを空欄にすると、指定した絞
り込み条件に合致した全ファイルを表示できます。

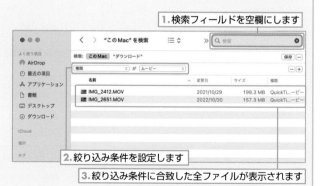

2. 絞り込み条件を設定します

3. 絞り込み条件に合致した全ファイルが表示されます

▶ **Section 4-12**　　タグの割り当てボタン

タグを付けてファイルを管理する

 macOS Sonomaでは、ファイルに色や任意のタグを設定し、同じタグのファイルだけを表示できます。ファイルには複数のタグを設定できるので、さまざまなフォルダに保存されているファイルをタグを使ってすぐに表示できます。

ファイルにタグを付ける

　　ファイルの管理は、プロジェクトや日付などのフォルダを使って管理するのが一般的です。しかし、異なったフォルダに関連する情報の入っているファイルがあるときは、条件検索を使わないと1つのウインドウに表示できませんでした。

　　タグは、ファイル管理を効率的に行うための機能で、ファイルにタグを割り当て、同じタグのファイルだけをすぐに表示できます。

01 タグを割り当てるファイルを選択する

Finderウインドウを表示して、タグを設定するファイルを選択します。ツールバーの◇をクリックします。すでに定義されているタグやカラータグが表示されます。

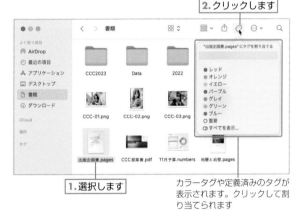

2.クリックします

1.選択します

カラータグや定義済みのタグが表示されます。クリックして割り当てられます

02 タグを割り当てる

タグを割り当てる場合は、リストからクリックして選択します。ここでは新しいタグを追加します。フィールドに新しいタグを入力し、`return` キーを押すか「新規タグを作成」をクリックします。

> **→ POINT**
>
> ファイルを選択し、`control` キーと数字 `1`〜`7` キーを押すと、サイドバーの色の順番でタグの割当（解除）ができます。

1.新しいタグを入力します　　2.クリックします

03 サイドバーのタグで表示する

サイドバーのタグには、定義した新しいタグが追加されます。クリックすると、同じタグを割り当てたファイルがすべて表示されます。

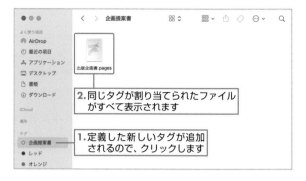

2. 同じタグが割り当てられたファイルがすべて表示されます

1. 定義した新しいタグが追加されるので、クリックします

04 複数のタグを割り当てる

ファイルには、同じ手順で複数のタグを割り当てられます。割り当てたタグを選択して `delete` キーを押すと、割り当てを解除できます。

1つのファイルに複数のタグを割り当てられます。割り当てたタグを選択して `delete` キーを押すと、タグを削除できます

> **→ POINT**
>
> タグを付けた書類をコピーすると、タグもそのままコピーされます。

⏻ Column

保存時にタグを付ける

アプリでの書類の保存時に、名称の設定と一緒にタグを指定できます。

保存時にタグを指定できます

名前:	竹田様提案書.pages
タグ:	企画提案書　グリーン
場所:	📁 書類

キャンセル　　保存

⏻ Column

タグの管理

サイドバーに表示されたタグを `control` キーを押しながらクリック（右クリックでも可）すると、タグの名称変更、削除が可能です。
色を選択すると、作成したタグに色を割り当てられます。色を割り当てると、アイコンにもカラーが表示されます。デフォルトのカラータグと混同する可能性があるので、使い分けに注意してください。
サイドバーから削除することもできます。
サイドバーから削除したタグを再度表示するには、サイドバーの「すべてのタグ」を選択し、表示されたタグをサイドバーにドラッグして追加してください。

タグを `control` ＋クリックすると、名称変更や削除が可能です

▶ **Section 4-13** クイックルック

アプリを起動せずにファイルの内容を確認する
（クイックルック）

 Macには、アプリを起動せずにファイルの内容を確認できる「クイックルック」機能が付いています。Finderウインドウでファイルを探しているときに、すぐにファイルの内容を確認できるので便利です。

01 ファイルを選択して □□□ キーを押す

内容を確認したいファイルを選択して、□□□（スペース）キーを押します。
複数のファイルを選択してもかまいません。

→ POINT

□□□（スペース）キーの代わりに、⌘+Y キーを押してもかまいません。

02 ファイルの内容が表示される

ファイルの内容が表示されます。再度 □□□（スペース）キーを押すと、元に戻ります。
画面右上の「"プレビュー"で開く」ボタンをクリックすると、アプリでファイルを開くことができます。
↑ ボタンをクリックしてメールやメッセージで送信したり、AirDropで他のMacに転送できます。最大化ボタンでフルスクリーン表示にもできます。
ファイルの種類によっては Ⓐ ボタンが表示され、クリックするとマークアップを挿入できます。

→ POINT

クイックルックでは、多くの種類のファイルの内容を表示できますが、表示できない場合はアイコンが表示されます。

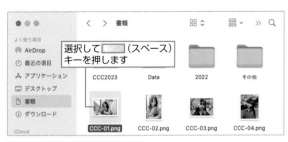

選択して □□□（スペース）キーを押します

ファイルの内容が表示されます

画像の表示を回転させます・マークアップを挿入できます

メールやメッセージで送信したり、AirDropで他のMacに転送できます

フルスクリーン表示します

アプリでファイルを開けます

⏻ Column

スライドショーで見る

複数のファイルを選択して、option キーを押しながら □□□（スペース）キーを押すと、ファイルをスライドショーモードで表示できます。esc キーを押すと元に戻ります。

⏻ Column

Finderウインドウのプレビュー表示

Finderウインドウを表示し、「表示」メニューの「プレビューを表示」を選択すると、Finderウインドウの右側にプレビュー欄が表示され、選択したファイルをプレビューできます。

Chapter 4

▶ **Section 4-14**　 メニュー ▶「最近使った項目」

アップルメニューの「最近使った項目」を使う

直近に使ったファイルやアプリは続けて使うことが多いはずです。アップルメニューの「最近使った項目」には、直近に使ったアプリとファイル、さらにサーバが10項目表示され、選択するだけでファイルを開いたり、アプリを起動できます。

最近使った項目を表示する

アップルメニューから「最近使った項目」を選択し、メニューからアプリまたはファイルを選択します。

下部にはサーバも表示されるので、頻繁に使用するサーバへの接続も容易に行えます。

直近に使ったアプリが表示されます。選択してアプリを起動できます

直近に使ったファイルが表示されます。選択してファイルのビューアや作成したアプリで表示できます

表示されているメニューの内容を消去します

 Column

最近使ったファイルをFinderで表示する

⌘キーを押しながらアップルメニューの「最近使った項目」を表示すると、各項目が「〜をFinderに表示」に変わり、選択するとファイルやアプリをFinderウインドウに表示できます。

▶ **Section 4-15** 「移動」メニュー ▶「ユーティリティ」▶「ディスクユーティリティ」

外付けディスクやUSBメモリを初期化する

多くの外付けディスクやUSBメモリは、互換性の観点からWindows用にフォーマットされています。Macでは、Windows用のものも問題なく利用できますが、Time Machineや起動ディスクとして利用するには、Mac用に初期化する必要があります。ディスクの初期化は「ディスクユーティリティ」を使います。

ディスクの初期化

外付けディスクやUSBメモリの内容をすべて消去して、まっさらな状態にすることを「初期化」といいます。ここでは、Macに接続されている外付けディスクを初期化する手順を説明します。

01 ディスクユーティリティを起動する

Finderの「移動」メニューから「ユーティリティ」を選択します。Finderウインドウの「ユーティリティ」フォルダから「ディスクユーティリティ」をダブルクリックして起動します。

▲ ShortCut

「ユーティリティ」
フォルダに移動
shift + ⌘ + U

1.選択します

2.ダブルクリックして起動します

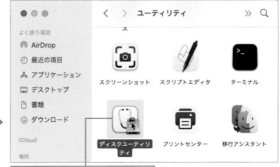

1.クリックして「すべてのデバイスを表示する」を選択します

3.クリックします

02 すべてのデバイスを表示する

「表示」アイコンをクリックして「すべてのデバイスを表示する」を選択します。

03 外付けディスクを選択して消去

左側にMacに接続されているハードディスクやUSBメモリが表示されます。一番上の「内蔵」に表示されているのは、内蔵ディスクです。
「外部」に表示されたディスクをクリックして選択し、右側のパネルの「消去」ボタン 🖴 をクリックします。

2.外付けディスクを選択します

04 名前等を設定して「消去」をクリック

警告が表示されます。初期化してよい場合は、「名前」に消去後のディスクの名前を入力します。

Mac専用で使用する場合は、「フォーマット」に「Mac OS拡張（ジャーナリング）」か「APFS」を選択します。El Capitan以前のMacでも使用する場合は、「Mac OS拡張（ジャーナリング）」を選択します。「方式」は「GUIDパーティションマップ」を選択します（PowerPCプロセッサ搭載の古いMacと共有する場合は、「Appleパーティションマップ」を選択します）。

Windowsと共用する場合は、「フォーマット」に「exFAT」、「方式」に「マスターブートレコード」を選択します。USBメモリは、Windowsと共用のほうが使い勝手がよいでしょう。

設定したら、「消去」ボタンをクリックします。

1. 入力します
2. 設定します

3. 初期化してよい場合は、「消去」ボタンをクリックします

4. 初期化が終了したら、「完了」ボタンをクリックします

> **→ POINT**
>
> 「APFS」でフォーマットしたディスクは、Big Sur、Catalina、Mojave、High Sierra、Sierra（最新バージョン）でないとマウントできません。

⏻ Column

現在のフォーマットを調べる

左側のリストに表示されたディスク配下のボリュームを選択すると、そのボリュームがどんなフォーマットであるかがボリューム名の下に表示されます。

⏻ Column

外付けディスクやUSBメモリを取り外す

外付けディスクやUSBメモリをMacから取り外す際は、Finderウインドウを開き、サイドバーに表示された外付けディスクやUSBメモリの右側のイジェクトアイコンをクリックしてください。

⏻ Column

セキュリティオプション

上記の手順04で「セキュリティオプション」ボタンをクリックすると、消去時の確実性を設定できます。ハードディスクなどは、初期化等で消去してもデータ自体が残っており、ファイル復旧アプリなどを使うとデータを復旧できるようになっています。

確実に消去するには、データを上書きします。確実性を高めるには、上書きするデータをランダムとして、何回も行います。そのため時間がかかります。最も安全な消去には、最も時間がかかるのです。

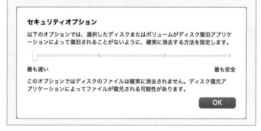

Chapter

5

Mac本体や
周辺機器の設定

Macは初期状態のままでも問題なく使えるのですが、知っておくと
さらに便利に使えることがあります。ここでは、Mac本体に関する
設定や、周辺機器との接続方法について解説します。

▶Section 5-1　「システム設定」▶「キーボード」

キーボードやTouch Barの設定を変更する

　キーボードの各種設定は、「システム設定」の「キーボード」で設定します。Touch Barやファンクションキーの設定も、ここで変更します。

「キーボード」で設定する

　Dockやアップルメニューから「システム設定」を起動し、「キーボード」をクリックします。キーの反応速度などを設定します。

1つのキーを押し続けたときに、同じ文字がリピート入力される間隔を設定します。「オフ」に設定すると、リピート入力できなくなります

1つのキーを押し続けたときのリピート入力が始まるまでの時間を設定します

オンにすると、環境光が暗い場合に発光します（バックライト付きキーボードの場合）

キーボードの輝度を調整します

キーボードのバックライトをオフにするまでの時間を指定します

fn キーを押したときの操作内容を選択します

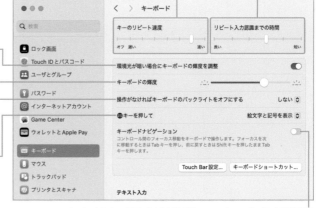

オンにすると、各アプリの操作時に、コントロール（入力欄や設定項目）を選択するのに、 tab キーで移動できます。 shift + tab キーで逆に移動します

☼ Column

ファンクションキーで画面輝度などを設定する

キーボードのファンクションキーで、画面の輝度や音量などを変更するには、「キーボードショートカット」をクリックし、ポップアップウインドウの「ショートカット」をクリックします。
「F1、F2などのキーを標準のファンクションキーとして使用」をオンにすると通常のファンクションキー、オフにすると画面輝度や音量などの設定キーとして使用できます。

Touch Barの設定

Touch Bar搭載のMacでは、Touch Bar設定をクリックするとポップアップウインドウが表示され、Touch Barに表示される項目や fn キーを長押ししたときに表示される項目を設定できます。

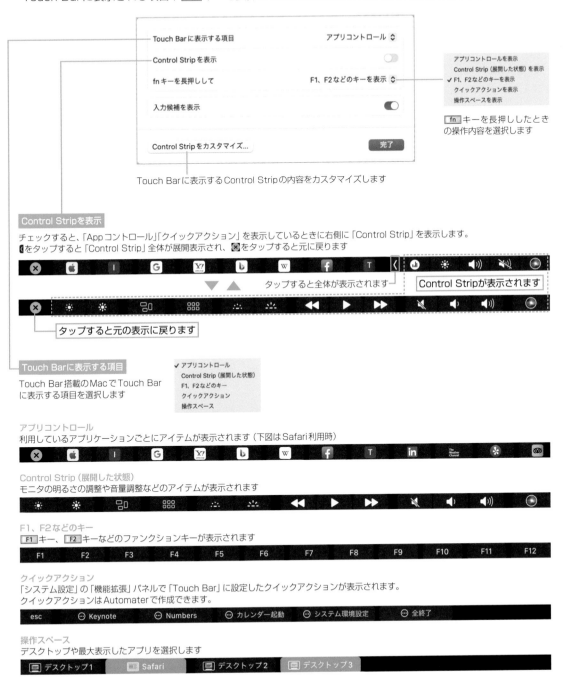

Touch Bar に表示する項目　　　　　　　　アプリコントロール ⇕

Control Strip を表示　　　　　　　　　　　　　　　　⬤

fn キーを長押しして　　　　　　　　F1、F2などのキーを表示 ⇕

入力候補を表示　　　　　　　　　　　　　　　　　　⬤

Control Strip をカスタマイズ...　　　　　　　　　　　完了

- アプリコントロールを表示
- Control Strip（展開した状態）を表示
- ✓ F1、F2などのキーを表示
- クイックアクションを表示
- 操作スペースを表示

fn キーを長押ししたときの操作内容を選択します

Touch Barに表示するControl Stripの内容をカスタマイズします

Control Stripを表示
チェックすると、「App コントロール」「クイックアクション」を表示しているときに右側に「Control Strip」を表示します。
「く」をタップすると「Control Strip」全体が展開表示され、「✕」をタップすると元に戻ります

タップすると全体が表示されます — Control Stripが表示されます

タップすると元の表示に戻ります

Touch Barに表示する項目
Touch Bar搭載のMacでTouch Barに表示する項目を選択します

- ✓ アプリコントロール
- Control Strip（展開した状態）
- F1、F2などのキー
- クイックアクション
- 操作スペース

アプリコントロール
利用しているアプリケーションごとにアイテムが表示されます（下図はSafari利用時）

Control Strip（展開した状態）
モニタの明るさの調整や音量調整などのアイテムが表示されます

F1、F2などのキー
F1 キー、 F2 キーなどのファンクションキーが表示されます

| F1 | F2 | F3 | F4 | F5 | F6 | F7 | F8 | F9 | F10 | F11 | F12 |

クイックアクション
「システム設定」の「機能拡張」パネルで「Touch Bar」に設定したクイックアクションが表示されます。
クイックアクションはAutomaterで作成できます。

esc　　　Keynote　　　Numbers　　　カレンダー起動　　　システム環境設定　　　全終了

操作スペース
デスクトップや最大表示したアプリを選択します

デスクトップ1　　Safari　　デスクトップ2　　デスクトップ3

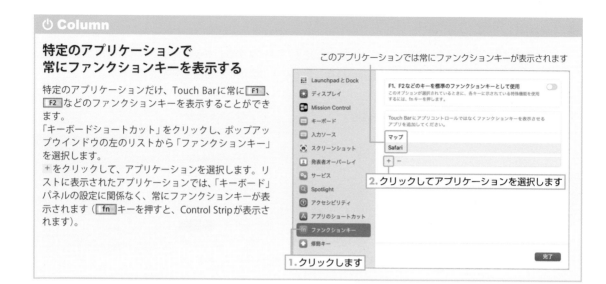

● Touch Barのカスタマイズ

「Control Stripをカスタマイズ」をクリックすると、Control Stripで表示する項目をカスタマイズできます。Control Stripに表示できる項目が一覧表示されるので、表示したい項目をリストからTouch Barにドラッグして追加します。

Touch Barの項目をドラッグして外に出すと削除できます。

また、Touch Bar内で項目をドラッグ（1本指でスワイプでも可）して、表示位置を変更できます。

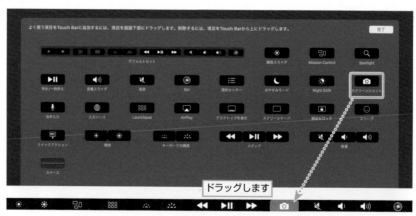

→ POINT

「Touch Barに表示する項目」が「アプリコントロール」で「Control Stripを表示」がオンになっているときは、右側に表示されるControl Stripのカスタマイズとなります。

Chapter 5

▶ **Section 5-2**　「システム設定」▶「キーボード」▶「キーボードショートカット」

ショートカットの設定を変更する

Macの各機能に割り当てられているショートカットキーは、「システム設定」の「キーボード」で設定します。

設定を変更する

　各機能に割り当てられているショートカットキーを変更したり、割り当てを解除したりします。

01 「システム設定」から「キーボード」を選択

Dockやアップルメニューから「システム設定」を起動し、「キーボード」を選択し、「キーボードショートカット」をクリックします。

1. 選択します　　**2.** クリックします

02 「ショートカット」を設定する

ポップアップウインドウで、各種機能でのショートカットキーの割り当てを設定します。

ショートカットキー設定対象を選択します

チェックの付いている項目のショートカットキーが有効となります

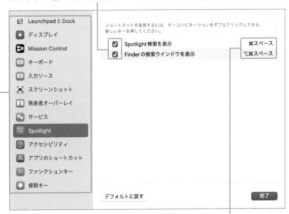

ダブルクリックで変更できます。割り当てるキーの組み合わせをキーボードで押して設定します

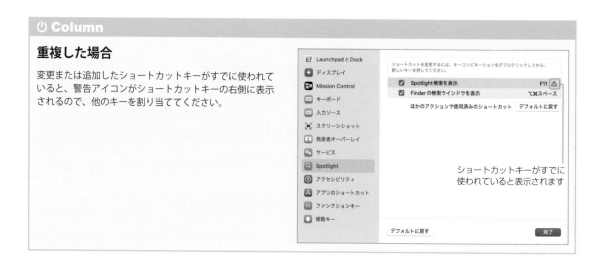

⏻ Column

重複した場合

変更または追加したショートカットキーがすでに使われていると、警告アイコンがショートカットキーの右側に表示されるので、他のキーを割り当ててください。

ショートカットキーがすでに
使われていると表示されます

新しいショートカットを割り当てる

「アプリのショートカット」には、新しいショートカットを割り当てることもできます。

01 **＋ キーをクリック**

左側のリストで「アプリのショートカット」を選択し、＋ をクリックします。

02 **ショートカットキーを割り当てる**

「アプリケーション」でショートカットキーを割り当てるアプリを選択します。
「メニュータイトル」には、アプリのメニューに表示されるコマンドの名前を正確に入力します。
「キーボードショートカット」には、割り当てるショートカットキーをキーボードを押して設定します。
「完了」ボタンをクリックすると追加されます。

3. ショートカットキーを割り当てる
   アプリを選択します
4. アプリのメニューに表示されるコ
   マンドの名前を正確に入力します

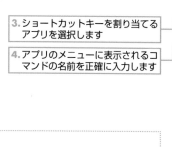

5. キーボードを押して、割り当てる
   ショートカットキーを設定します

6. クリックします

➡ POINT

ショートカットを割り当てることができるのは、Finderや各アプリのメニューコマンドに限ります。アプリの起動を割り当てることはできません。

▶ **Section 5-3** 「システム設定」▶「マウス」▶「ポイントとクリック」「その他のジェスチャ」パネル

マウスの設定を変更する

iMacやMac miniでは、マウスはMacの操作に必須な機器です。Apple Magic Mouseは、従来のマウスの機能に加えトラックパッドの操作を可能にしたマウスです。タッチエリアのタップやスワイプの設定は、「システム設定」の「マウス」で行います。

Apple Magic Mouseの設定

Apple Magic Mouseでは、タップやスワイプの設定が可能です。

> ### ➡ POINT
>
> Apple Magic Mouseは、Bluetoothで接続します。マウスが認識されないときは、155ページを参照して接続してください。

01 「ポイントとクリック」パネルで設定する

Dockやアップルメニューから「システム設定」を起動し、「マウス」をクリックします。
「ポイントとクリック」パネルを表示し、スクロール方向や副ボタンなどを設定します。

マウスを動かしたときのカーソルの動くスピードを設定します

オンにすると、指を動かす方向に画面がスクロールします

オンにすると、副ボタン（control＋クリックと同じ操作）のクリックが有効になります。マウスのどちらを副ボタンとするか選択してください

オンにすると、1本指のダブルタップで、スマートズームします

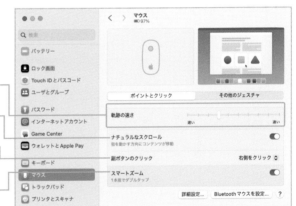

02 「その他のジェスチャ」パネルで設定する

スワイプの動作を設定します。

オンにすると、ページ間の切り替えが有効になります。また、切り替える方法を選択します

オンにすると、2本指の左右にスワイプで、デスクトップやフルスクリーンアプリケーションを切り替えられます

オンにすると、2本指のダブルタップで、Mission Controlを起動します

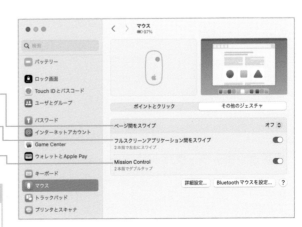

⏻ Column

タップ

タッチエリアを指の腹で叩く動作を「タップ」といいます。

▶ **Section 5-4** 「システム設定」▶「トラックパッド」▶「ポイントとクリック」「スクロールとズーム」「その他のジェスチャ」パネル

トラックパッドの設定を変更する

ノート型のMacBook ProやMacBook Airでは、トラックパッドでカーソルを操作します。タップによるスワイプで画面の切り替えや表示の拡大縮小なども可能です。トラックパッドは「システム設定」の「トラックパッド」で設定します。デスクトップ型Macでトラックパッドを使うためのMagic Trackpadの設定も同様です。

トラックパッドの設定

トラックパッドのタップやスワイプによる操作を設定します。

01 「ポイントとクリック」パネルで設定する

Dockやアップルメニューから「システム設定」を起動し、「トラックパッド」をクリックします。
「ポイントとクリック」パネルを表示して、主にマウスに代わる指の操作を設定します。

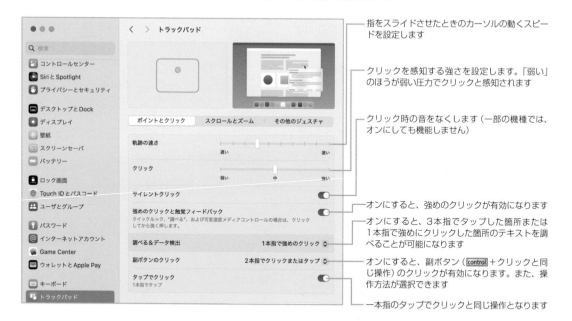

指をスライドさせたときのカーソルの動くスピードを設定します

クリックを感知する強さを設定します。「弱い」のほうが弱い圧力でクリックと感知されます

クリック時の音をなくします（一部の機種では、オンにしても機能しません）

オンにすると、強めのクリックが有効になります

オンにすると、3本指でタップした箇所または1本指で強めにクリックした箇所のテキストを調べることが可能になります

オンにすると、副ボタン（[control]＋クリックと同じ操作）のクリックが有効になります。また、操作方法が選択できます

一本指のタップでクリックと同じ操作となります

⏻ **Column**

感圧タッチトラックパッド（Force Touch）

2015年に発売されたMacからは、感圧タッチトラックパッドが搭載されているモデルがあります。感圧タッチトラックパッドでは、トラックパッドは物理的に動かずに、圧力を感知してクリックできます。また、通常のクリックに加え、さらに一段階押し込んだ感じの「強めのクリック」が利用できます。

➡ **POINT**

Apple Magic Trackpadは、Bluetoothで接続します。Magic Trackpadが認識されないときは、155ページを参照して接続してください。

02 「スクロールとズーム」パネルで設定する

「スクロールとズーム」パネルで指によるスクロールやズームを設定します。

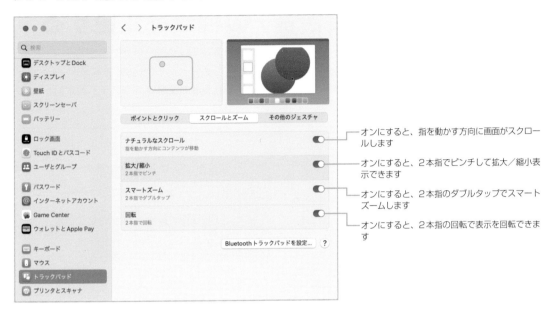

オンにすると、指を動かす方向に画面がスクロールします

オンにすると、2本指でピンチして拡大／縮小表示できます

オンにすると、2本指のダブルタップでスマートズームします

オンにすると、2本指の回転で表示を回転できます

03 「その他のジェスチャ」パネルで設定する

「その他のジェスチャ」パネルでは、スワイプなどに関する設定を行います。

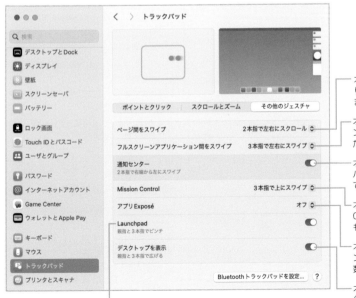

オンにすると、親指と3本指でピンチしてLaunchpadを起動できます

オンにすると、ページ間の切り替えが有効になります。
また、切り替える方法を選択します

オンにすると、左右にスワイプしてフルスクリーン表示したアプリの切り替えを有効にします。また、スワイプする指の本数も指定できます

オンにすると、トラックパッドの右側をトラックパッドの外側からトラックパッド上まで2本指でスワイプして通知センターを表示できます

オンにすると、上にスワイプしてMission Controlを起動できます。スワイプする指の本数も指定できます

オンにすると、下にスワイプしてアプリケーションExposéを起動できます。スワイプする指の本数も指定できます

オンにすると、親指と3本指を中心から広げる動作でデスクトップを表示します

▶ **Section 5-5**　「システム設定」▶「サウンド」

音量や通知音（警告音）の種類を変更する

ムービーやミュージックを再生した際の音量は、メニューバーで設定できます。また許可されていない操作時の警告時に鳴る通知音に使われる音の種類は、「システム設定」の「サウンド」で行います。

音量の設定

音量はメニューバーで設定できます。メニューバーのアイコン表示は、「システム設定」の「通知」で設定できます。

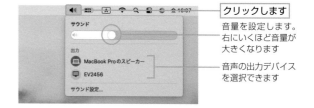

クリックします
音量を設定します。右にいくほど音量が大きくなります

音声の出力デバイスを選択できます

通知音（警告音）の設定

許可されていない操作の警告時に鳴る通知音の種類は、「システム設定」の「サウンド」で変更できます。

01 「サウンドエフェクト」で設定する

Dockやアップルメニューから「システム設定」を起動し、「サウンド」をクリックします。
「サウンドエフェクト」で通知音の種類や音量を選択します。

選択すると通知音が再生されるので、お好みの音を選択します ─── Macに音を出力する装置が複数ある場合、どの装置から音を出すか選択します

通知音の音量を設定します。通知音の音量は、主音量（メニューバーの設定）とは別となります

オンにすると、Macの起動時にサウンドを再生します

オンにすると、「ゴミ箱」にファイルを捨てたときなど、操作時の音を再生します

オンにすると、音量を変更した際に、設定後の音量で音を再生します

⏻ Column

突然Macから声が聞こえてきたら？

誤って ⌘ ＋ F5 キーを押すと、マウスの位置を音声読み上げする「VoiceOver」機能が有効になります。
再度、 ⌘ ＋ F5 キーを押すと機能がオフになります。また、「システム設定」の「デスクトップとDock」にある「時計」（162ページ参照）で「時報をアナウンス」をオンにすると、設定した時刻に時報が読み上げられます。

▶ **Section 5-6** 「システム設定」▶「サウンド」▶「出力」パネル

ヘッドフォンやスピーカーを設定する／マイクロフォンを設定する

 USB接続やBluetooth接続の外部スピーカーやヘッドフォンを接続した場合は、「システム設定」の「サウンド」で音声を再生する装置を設定します。
また、音声を入力するマイクロフォンの入力音量や、内蔵マイク以外の音声入力装置がある場合、どの装置を使用するかも設定できます。

音声を再生する装置を選択する

Dockやアップルメニューから「システム設定」を起動し、「サウンド」をクリックします。
「出力」をクリックして、音声を再生する装置を選択します。

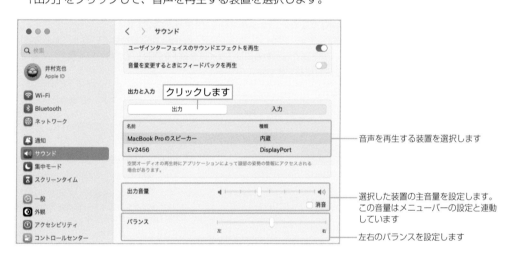

音声を再生する装置を選択します

選択した装置の主音量を設定します。
この音量はメニューバーの設定と連動
しています

左右のバランスを設定します

マイクロフォンや入力音量を設定する

「入力」を表示し、リストからマイクロフォンなどの音声の入力装置を選択します。
「入力音量」のスライダで入力音量を設定します。

マイクロフォンなどの音声入力装置を
選択します

入力音量を設定します。下の「入力レベル」を
参考に設定してください

> **POINT**
>
> 「入力レベル」では、入力した音の最大レベルだけがしばらく残って表示されます。

▶Section 5-7　「システム設定」▶「ディスプレイ」

ディスプレイの表示解像度などを変更する

ディスプレイ（モニタ）の表示解像度やカラープロファイルなどのディスプレイの表示に関する設定は、「システム設定」の「ディスプレイ」で行います。

ディスプレイの設定を行う

ディスプレイの設定は、「システム設定」の「ディスプレイ」で行います。表示解像度やカラープロファイルの設定が可能です。

01 「ディスプレイ」で表示解像度などを設定する

Dockやアップルメニューから「システム設定」を起動し、「ディスプレイ」をクリックします。
「解像度」でディスプレイの表示解像度を設定します。「ディスプレイのデフォルト」が選択されていると、ディスプレイに最適な表示解像度となります。意図的に粗い解像度で表示するには「サイズ調整」を選択して、解像度を選択してください。また、ノート型のMacやiMacでは「輝度」の設定もできます。

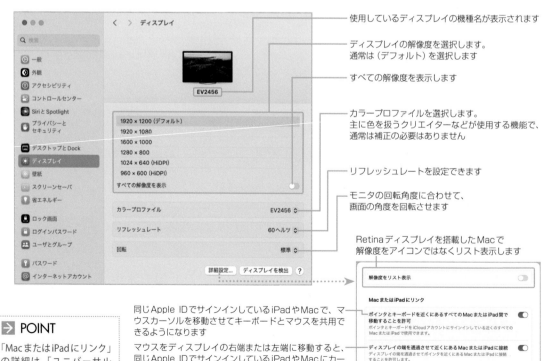

使用しているディスプレイの機種名が表示されます

ディスプレイの解像度を選択します。
通常は（デフォルト）を選択します

すべての解像度を表示します

カラープロファイルを選択します。
主に色を扱うクリエイターなどが使用する機能で、
通常は補正の必要はありません

リフレッシュレートを設定できます

モニタの回転角度に合わせて、
画面の角度を回転させます

Retinaディスプレイを搭載したMacで
解像度をアイコンではなくリスト表示します

同じApple IDでサインインしているiPadやMacで、マウスカーソルを移動させてキーボードとマウスを共用できるようになります

マウスをディスプレイの右端または左端に移動すると、同じApple IDでサインインしているiPadやMacにカーソルが移動します

近くにある同じApple IDでサインインしているiPadやMacに自動で再接続します

→ POINT

「MacまたはiPadにリンク」の詳細は、「ユニバーサルコントロール」（282ページ）を参照ください。

Column

Retinaモデルの設定画面

Retinaディスプレイを搭載したMacでは右の画面となり、ア
イコンで解像度を選択できます。
また、一部のMacでは「True Tone」が利用できます。「True
Tone」は、周囲の光の明るさに応じてディスプレイの色と明
度を自動で調整し、画像を自然に表示する機能です。

Column

カラープロファイルとは

Macの周辺機器には、色を扱うものがたくさんあります。モニタ、スキャナ、プリンタなどです。これらの機器は、メーカーやグ
レードが異なると、同じ「赤」でも、モニタで表示される「赤」とプリントアウトしたときの「赤」はまったく同じにはなりません。
このような機器間の色の不整合をなくし、どの機器でも同じ色が表現できるようにするための定義ファイルがプロファイルです。
通常、使用しているディスプレイのプロファイルが自動で表示されるので、そのプロファイルを選択してください。外部モニタの
使用時にプロファイルが表示されない場合は、「sRGBプロファイル」を選択しておくとよいでしょう。

Column

リフレッシュレートとは

外部モニタをアナログケーブルで接続すると、リフレッ
シュレートが表示されます。
リフレッシュレートは1秒間に画面を切り替える回数を
表し、数字が多いほうが回数が多くなり、ちらつきが少
なくなります。

Column

解像度とは

ディスプレイは、小さな点（ピクセル）を集めて画面として表示
しています。解像度は、画面の大きさを縦横の点の数で示した
ものです。1024×768であれば、横方向に1024個、縦方向に
768個の点で表示するということです。最大解像度は、使用す
るモニタによって決定します。

02 「Night Shift」で色温度を設定する

「Night Shift」パネルでは、夜間にモニタの表示色
に影響するディスプレイの色温度を暖色系に変更し
ます。夜間に明るいブルーライトを見て、身体のリ
ズムが崩れるのを防ぎます。

色を変更しません
「開始」と「終了」で
指定した時間に色を
変更します

日の入から日の出までの間に
色を変更します

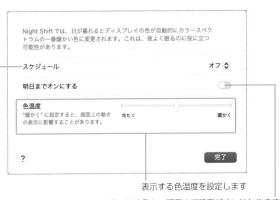

表示する色温度を設定します

オンにすると、明日まで設定がオンになります

▶ **Section 5-8** 「システム設定」▶「ディスプレイ」

ノート型Mac/iMacで外付けディスプレイを使う

ノート型MacやiMacなど、内蔵ディスプレイが搭載されているMacも、外付けディスプレイを接続して使用できます。外付けディスプレイは、Apple製でなくてもかまいません。接続には、専用のケーブルやアダプタが必要になります。

ノート型Mac/iMacと外付けディスプレイを接続するには

ノート型Mac/iMacを外付けディスプレイに接続するには、ケーブルが必要です。しかし、MacはWindowsPCで一般的なHDMIやDVIの接続口を持っていない機種が多いため、外部ディスプレイを接続するには適切なケーブル、またはモニタケーブルを接続するためのアダプタが別途必要になります。

Macには、外部ディスプレイとの接続用として「Thunderbolt」「HDMIポート」「USB-Cポート」などのポートを持っています。自分の使用しているMacに合わせたアダプタを用意する必要があります。

USB-C−DVIアダプタ

●アダプタの選択

アダプタには、Mac側の接続口に合わせて「Thunderbolt」用、「USB-Cポート用」などがあります。自分のMacはどれになるかを確認してください。

次に、外付けディスプレイとつなぐケーブルとアダプタを接続する口を選択します。ディスプレイの接続に使うケーブルの形状に合わせて選択することになります。

USB-Cポート搭載のMacであれば、USB-C − HDMI変換ケーブルや、USB-C − DisplayPort変換ケーブルを使用すると、ケーブル1本で接続できます。外付けディスプレイが4Kなどの高解像度の場合、アダプタよりも変換ケーブルを使うほうがいいでしょう。

HDMIポートのあるMacであれば、対応アダプタを使わずにディスプレイのHDMIポートにHDMIケーブル1本で接続できます。

よくわからない場合は、使用するMacと接続する外部ディスプレイの型番と接続口の形状（VGA、DVI、HDMI、DisplayPort）を家電量販店などで伝えて、正しい組み合わせのものを購入することをおすすめします。Apple純正である必要はありません。

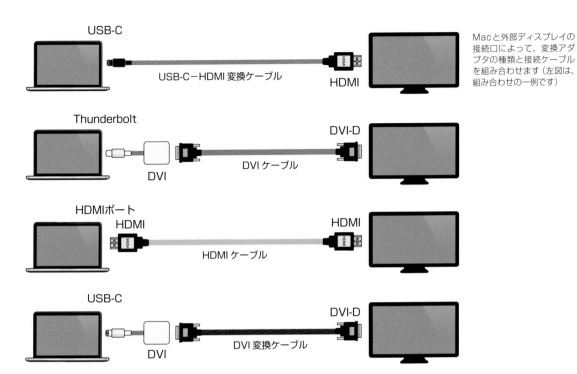

Macと外部ディスプレイの
接続口によって、変換アダ
プタの種類と接続ケーブル
を組み合わせます（左図は、
組み合わせの一例です）

Macでの設定

　ノート型Mac／iMacと外部ディスプレイを接続すると、「システム設定」の「ディスプレイ」にMac本体のディスプレイと外部ディスプレイが表示され、接続されているディスプレイのそれぞれの解像度やカラープロファイルなどを設定できます。

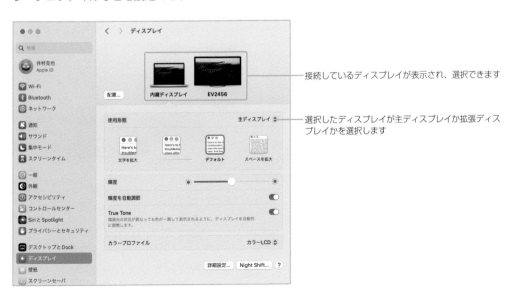

接続しているディスプレイが表示され、選択できます

選択したディスプレイが主ディスプレイか拡張ディスプレイかを選択します

使用形態

使用形態には、拡張ディスプレイとミラーリングの2種類があります。

●拡張ディスプレイ

それぞれ別のモニタとして利用します。どちらかを主ディスプレイに設定し、他のディスプレイを拡張ディスプレイとします。

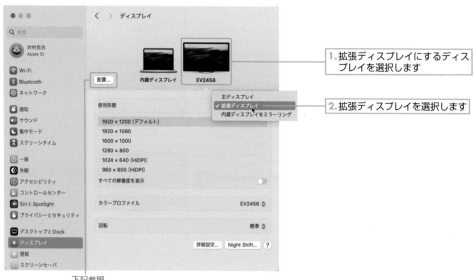

1. 拡張ディスプレイにするディスプレイを選択します

2. 拡張ディスプレイを選択します

下記参照

「配置」をクリックすると2つのディスプレイの位置関係が表示され、画面上で設定できます。

マウスカーソルを乗せると、モニタの名称が表示されます

control ＋クリック（右クリックでも可）すると、現在の状態や表示方法を変更できます

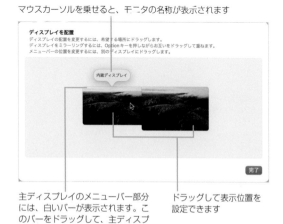

主ディスプレイのメニューバー部分には、白いバーが表示されます。このバーをドラッグして、主ディスプレイを変更できます

ドラッグして表示位置を設定できます

拡張ディスプレイに設定します

指定したモニタをミラーリング表示します

主ディスプレイに設定します

● ミラーリング

ミラーリングは、Mac本体と外付けディスプレイが同じ表示になります。

どちらかを主ディスプレイに設定し、他のディスプレイにミラーリングします。

内蔵Retinaディスプレイが主ディスプレイで、こちらのディスプレイでミラーリングしています　選択します

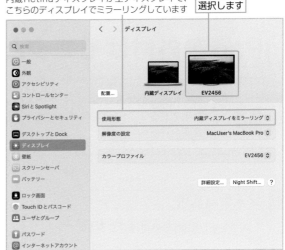

Column

ミラーリングを止める

「使用形態」をクリックして「ミラーリングを停止」を選択します。

Column

どちらにもメニューバーとDockが表示される

Mac本体と外付けディスプレイのどちらの上部にもメニューが表示されます。
また、画面下部にマウスを移動すると、どちらのディスプレイでもDockを表示できます。

Mac本体と外付けディスプレイのどちらの上部にもメニューが表示されます

Column

ノート型MacをデスクトップMacのように使う（クラムシェルモード）

外付けディスプレイを接続したノート型Macにキーボードやマウスを接続すれば、ノート型Macを閉じてデスクトップ型Macのように利用できます。これを「クラムシェルモード」といいます。
クラムシェルモードは、電源アダプタを接続した状態でないと利用できないのでご注意ください。

▶ **Section 5-9** 「システム設定」▶「ディスプレイ」/ AirPlay

iPadを外付けモニタとして使う（AirPlay）

 同じApple IDでサインインしているiPadや他のMacのディスプレイを、外付けモニタとして利用できます。iPadを外付けモニタとして利用すると、Apple Pencilを利用することもできます。

システム要件

AirPlayでMacの外付けモニタとして利用できるのは、下記のMacとiPadとなります。

▶ Mac（Sonoma搭載）の下記モデル

MacBook Pro（2018以降）、MacBook Air（2018以降）、iMac（2019以降）、iMac Pro（2017）、Mac mini（2020以降）、Mac Pro（2019）、Mac Studio（2022）

▶ iPad（iPadOS搭載）の下記モデル

iPad Pro（第2世代以降）、iPad Air（第3世代以降）、iPad（第6世代以降）、iPad mini（第5世代以降）

利用の準備設定

Mac、iPadで下記の設定が必要となります。

- 同じApple IDでサインイン（100ページ参照）
- Wi-Fiをオン（99ページ参照）
- どちらもBluetoothをオン（155ページ参照）
- iCloudで2ファクタ認証を使用（27ページ参照）

接続する

01 **「システム設定」の「ディスプレイ」で接続先を選択**

Dockやアップルメニューから「システム設定」を起動し、「ディスプレイ」をクリックします。
ディスプレイ名の右下に表示された ＋ をクリックし、「ミラーリングまたは拡張」から外付けモニタとして利用するMacやiPadを選択します。

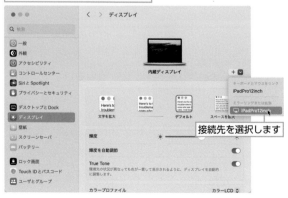

iPadにMacの画面が表示されます

接続先を選択します

02 外付けモニタとして接続される

iPadが外付けモニタとして接続されます。
外付けモニタを接続した際の「ディスプレイ」の設定
については、Section 5-8「ノート型Mac/iMacで
外付けディスプレイを使う」（148ページ）を参照く
ださい。

iPadが外付けモニタとして接続される

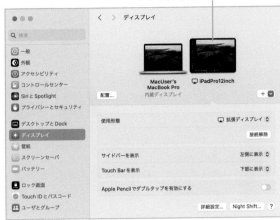

iPadにMacの画面が表示されます

メニューバーの表示／非表示を切り替えます

Dockの表示／非表示を切り替えます

サイドバー

ダブルタップで ⌘ キーを押した状態にする

ダブルタップで option キーを押した状態にする

ダブルタップで control キーを押した状態にする

ダブルタップで shift キーを押した状態にする

操作を取り消す

ソフトキーボードの表示

MacとiPadの接続解除

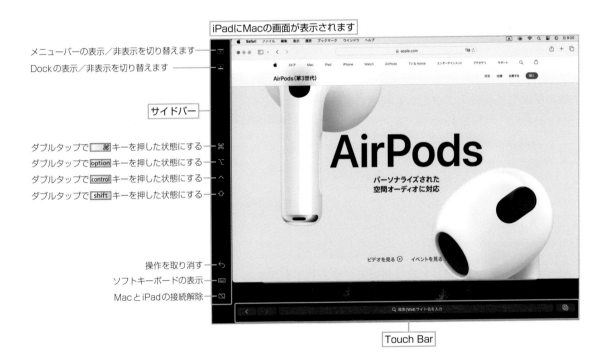

Touch Bar

⏻ **Column**

接続を解除するには

iPadのサイドバーで ◨ をクリックします。また
は、Macの「システム設定」の「ディスプレイ」で
接続時と同様に「ディスプレイを追加」をクリッ
クしてiPadを選択すると接続が解除されます。

iPadのディスプレイ設定

「システム設定」の「ディスプレイ」でiPadを選択すると、iPadの表示等の設定が可能です。

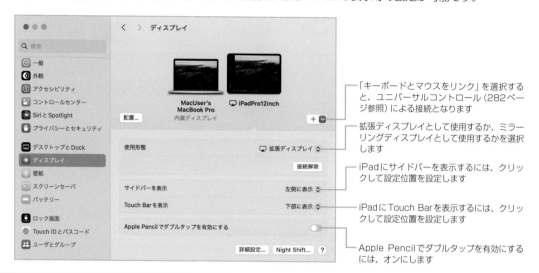

「キーボードとマウスをリンク」を選択すると、ユニバーサルコントロール（282ページ参照）による接続となります

拡張ディスプレイとして使用するか、ミラーリングディスプレイとして使用するかを選択します

iPadにサイドバーを表示するには、クリックして設定位置を設定します

iPadにTouch Barを表示するには、クリックして設定位置を設定します

Apple Pencilでダブルタップを有効にするには、オンにします

⏻ Column

他のMacも外付けモニタとして利用できる

iPadだけでなく、同じApple IDでサインインしている他のMacのモニタも、外付けモニタとして利用できます。
「システム設定」の「ディスプレイ」でディスプレイ名の右下に表示された「＋ 」をクリックして、他のMacを選択してください。他のMacは起動している必要があります。ディスプレイ内蔵である必要はありません。Mac miniの場合は、接続しているモニタが他のMacの外付けモニタとなります。

他のMacも外付けモニタとして利用できます

⏻ Column

Apple TVに接続したテレビを外付けモニタとして利用する

Apple TVに接続しているテレビを外付けモニタとして利用できます。「システム設定」の「ディスプレイ」でディスプレイ名の右下に表示された「＋ 」をクリックしてApple TVを選択すると、AirPlayコードの入力画面が表示されるので、テレビに表示されているコードを入力してください。

1.Apple TVに接続したテレビを外付けモニタとして利用できます

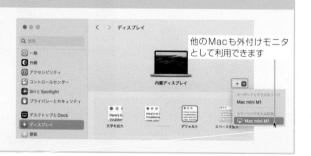

"AppleTV4K" のAirPlay
コードを入力してください。

キャンセル

2.テレビに表示された
コードを入力すると
接続されます

▶ **Section 5-10** 「システム設定」 ▶「Bluetooth」

Bluetooth機器を接続する

 MacはBluetoothを標準搭載しており、他のBluetooth機器とワイヤレスで接続して使用できます。Magic MouseやMagic Trackpad、Wireless Keyboardは、Bluetooth接続です。Bluetooth機器の接続や管理は、「システム設定」の「Bluetooth」で行います。

Bluetooth機器の接続

Bluetooth機器の接続は、「システム設定」の「Bluetooth」で行います。

Apple製のMagic MouseやMagic Trackpad、Wireless Keyboardなど、多くのBluetooth機器は自動で認識されますが、うまく動作しない場合は手動で接続してみましょう。

> **POINT**
>
> iMacに付属のMagic Mouse、Wireless Keyboardは設定した状態で出荷されているので、特に設定しないで使用できます。Mac miniでは、初期設定時に自動でBluetooth接続のマウスやキーボードを認識します。

01 接続するデバイスの「ペアリング」をクリック

Dockやアップルメニューから「システム設定」を起動し、「Bluetooth」をクリックします。
Bluetoothで接続するデバイスの電源を入れてMacに近づけると、「システム設定」の「Bluetooth」ウインドウのリストに表示されます。デバイス名の横にある「接続」ボタンをクリックします。

> **POINT**
>
> Bluetooth機器によっては、ペアリング用のボタンを押さないと、リストに表示されないことがあります。
> 詳細は、Bluetooth機器の取扱説明書を参照してください。

Bluetoothで検知したデバイスが表示されます　　Bluetoothのオン／オフを設定します

クリックします

02 接続された

「接続済み」と表示されたら、ペアリングが完了しBluetoothで接続されています。

> **→ POINT**
>
> Bluetooth機器がうまく動作しないときは、一度ペアリングを解除して、再度ペアリングしてみてください。

> **→ POINT**
>
> Wireless Keyboardの場合、「ペアリング」をクリックしたあとに番号入力のポップアップ画面が表示されます。
> 表示された番号をキーボードから順番に入力してください。

Bluetoothで接続しています　　クリックすると接続を解除します

ペアリングを解除する

Bluetooth機器のペアリングを解除するには、Bluetooth機器の右側に表示された ⓘ をクリックし、ポップアップウインドウで「このデバイスのペアリングを解除」をクリックします。

確認ダイアログボックスが表示されるので、「デバイスのペアリングを解除」をクリックします。

1.クリックします

2.クリックします

3.クリックします

iPhone/iPadを接続する

MacとiPhone/iPadをBluetoothで通信できるようにすると、インターネット接続などが可能になります。

01 iPhone/iPadでBluetoothをオンにする

iPhone/iPadで「設定」→「Bluetooth」と進み、Bluetoothをオンにします。この状態のまま、Macの操作に移ります。

「Bluetooth」をオンにします

02 Macの「システム設定」の「Bluetooth」を選択する

「システム設定」を起動して、「Bluetooth」をクリックします。

03 「接続」をクリック

「システム設定」の「Bluetooth」ウインドウにiPhone/iPadが認識されて表示されます。「接続」ボタンをクリックします。

1.「システム設定」の「Bluetooth」を表示します

iPhone/iPadが認識されていると表示されます

2.クリックします

04 番号を確認してiPhoneでペアリング

Macの画面にペアリングコードが表示されます。iPhone/iPadにも「Bluetoothペアリングの要求」というポップアップ画面が表示されるので、Macと同じペアリングコードが表示されているのを確認して「ペアリング」をタップします。

Macにペアリングコードが表示されます

3.iPhone/iPadでMacと同じペアリングコードであることを確認します

4.iPhone/iPadで「ペアリング」をタップします

→ POINT

正常にペアリングしていても、Macでは「未接続」と表示されます。iPhone/iPadを使ってインターネット接続すると、「接続済み」と表示されます（99ページ参照）。

▶ Section 5-11　「システム設定」▶「バッテリー」「省エネルギー」

省電力設定を変更する

 Macは、一定の時間が経過するとスリープ状態にして、電気の消費量を抑えられます。スリープになるまでの時間などの省エネルギーに関する設定は、「システム設定」の「バッテリー」または「省エネルギー」で行います。

「バッテリー」パネルの設定

MacBook Air やMacBook Proなどのノート型の場合、「バッテリー」と「電源アダプタ」の2つの電源があります。「システム設定」の「バッテリー」では、バッテリーの使用状況を確認できます。

01 バッテリーの使用状況を確認する

Dockやアップルメニューから「システム設定」を起動し、「バッテリー」をクリックします。
バッテリーの残量グラフと画面オンの使用状況をグラフで表示できます。
使用状況は、過去24時間分と過去10日分を確認できます。

バッテリーの状態を表示します

新品時と比較したバッテリー容量が表示されます

オンにすると、バッテリーの劣化を軽減するために、バッテリー充電を最適化します

バッテリーの状態　正常
一般的に、Macのバッテリーはすべての充電式バッテリーと同様に消耗品で経年劣化が進むにつれて性能が低下します。

最大容量　99%
これは、新品時と比較したバッテリー容量の基準です。容量が低下すると、1回の充電で使用できる時間が短くなることがあります。

バッテリー充電の最適化
バッテリーの劣化を軽減するため、このMacが日ごろどのように充電されているかを学習し、次にこのMacをバッテリーで使い始める直前まで80%を超える充電を保留することがあります。

詳しい情報...　　完了

▲ クリックすると、バッテリーの状態を表示します

最後に充電した日と、何%まで充電したかが表示されます

現在のバッテリー残量

オンにすると、バッテリー消費を抑える動作になります

バッテリーの状態を表示します

過去10日間の電力使用状況がグラフ表示されます

過去24時間のバッテリーの残量がグラフ表示されます

< > バッテリー
電池残量: 87%
低電力モード　　しない
バッテリーの状態　　正常

過去24時間　　過去10日
最後に100%まで充電されたとき
昨日 9:01

バッテリー残量
100%
50%
0%
12時 15 18 21 0時 03 06 09

画面オンの使用状況
60分
30分
0分
12時 15 18 21 0時 03 06 09
10月5日　　10月6日

過去24時間の画面オンの使用状況がグラフ表示されます

< > バッテリー
電池残量: 87%
低電力モード　　しない
バッテリーの状態　　正常

過去24時間　　過去10日
最後に100%まで充電されたとき
昨日 9:01

電力使用状況
100%
50%
0%
水 木 金 土 日 月 火 水 木 金
9月27日　　10月1日

画面オンの使用状況
6時間
4時間
2時間
0分
水 木 金 土 日 月 火 水 木 金
9月27日　　10月1日

過去10日間の画面オンの使用状況がグラフ表示されます

02 オプションを設定する

「オプション」ボタンをクリックすると、詳細なオプションを設定できます。

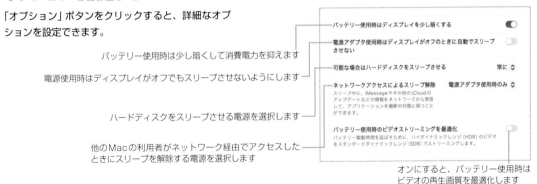

バッテリー使用時は少し暗くして消費電力を抑えます

電源使用時はディスプレイがオフでもスリープさせないようにします

ハードディスクをスリープさせる電源を選択します

他のMacの利用者がネットワーク経由でアクセスしたときにスリープを解除する電源を選択します

オンにすると、バッテリー使用時はビデオの再生画質を最適化します

バッテリーのメニューバー表示

メニューバーでのバッテリーの使用状況の表示は、「システム設定」の「コントロールセンター」で設定します。

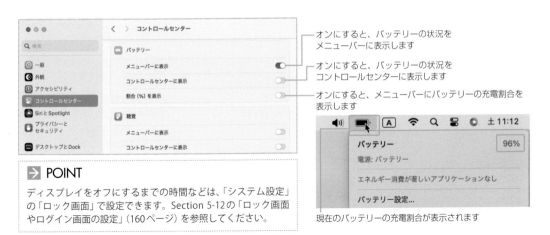

オンにすると、バッテリーの状況をメニューバーに表示します

オンにすると、バッテリーの状況をコントロールセンターに表示します

オンにすると、メニューバーにバッテリーの充電割合を表示します

現在のバッテリーの充電割合が表示されます

➔ POINT

ディスプレイをオフにするまでの時間などは、「システム設定」の「ロック画面」で設定できます。Section 5-12の「ロック画面やログイン画面の設定」（160ページ）を参照してください。

⏻ Column

「省エネルギー」

バッテリーを搭載していないMacの「システム設定」には、「省エネルギー」が表示されます。

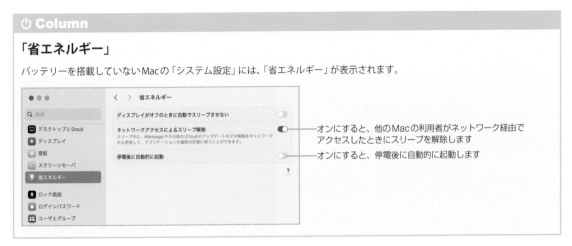

オンにすると、他のMacの利用者がネットワーク経由でアクセスしたときにスリープを解除します

オンにすると、停電後に自動的に起動します

ロック画面やログイン画面の設定

 「システム設定」の「ロック画面」では、Macを使用していないときに表示されるスクリーンセーバやディスプレイオフまでの時間などを設定します。

「ロック画面」での設定

「システム設定」の「ロック画面」を選択して、ロック画面やログインウインドウの表示方法を設定します。

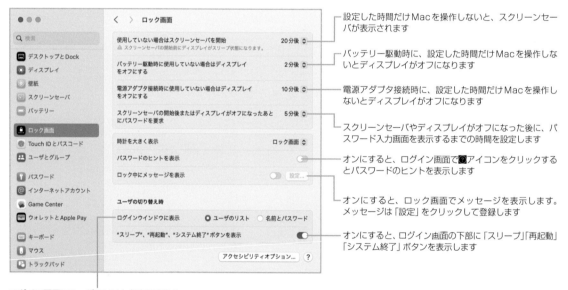

設定した時間だけMacを操作しないと、スクリーンセーバが表示されます

バッテリー駆動時に、設定した時間だけMacを操作しないとディスプレイがオフになります

電源アダプタ接続時に、設定した時間だけMacを操作しないとディスプレイがオフになります

スクリーンセーバやディスプレイがオフになった後に、パスワード入力画面を表示するまでの時間を設定します

オンにすると、ログイン画面で⬛アイコンをクリックするとパスワードのヒントを表示します

オンにすると、ロック画面でメッセージを表示します。メッセージは「設定」をクリックして登録します

オンにすると、ログイン画面の下部に「スリープ」「再起動」「システム終了」ボタンを表示します

ログイン画面にユーザのリストを表示するか、名前とパスワードを入力するかを設定します

ユーザのリスト

名前とパスワード

> **Section 5-13**　「システム設定」▶「一般」▶「日付と時刻」「言語と地域」

日付と時刻、言語と地域を設定する

Macでは、メニューバーに時計が表示されます。時計の表示があっていないときの調整や表示方法は、「システム設定」の「日付と時刻」で変更します。Macで使用する言語、週の始まりの曜日、日付の西暦や和暦、時刻の書式などについては、「システム設定」の「言語と地域」で設定します。

01 「システム設定」から 「日付と時刻」を選択

Dockやアップルメニューから「システム設定」を起動し、左のリストから「一般」を選択して、右のリストから「日付と時刻」をクリックします。

02 日付と時刻を設定する

日付と時刻、表示方法、時間帯などを設定します。

時間を自動で設定する基準となるサーバ
（通常は変更しない）

「日付と時刻を自動的に設定」がオフのときに表示され、クリックして日付と時刻を変更できます。

現在の日付と時刻が表示されます

日付を設定します。クリックするとカレンダーが表示され、日付を選択できます

時刻を設定します

Column

日付と時刻を自動的に設定

「日付と時刻を自動的に設定」をオンにすると、Macを使用している場所の時間帯で、日付と時刻が自動設定されて表示されます。

● メニューバーの表示

メニューバーの時計の表示方法は、システム設定の「コントロールセンター」を開き、「メニューバーのみ」の「時計」で「時計のオプション」をクリックして設定します。

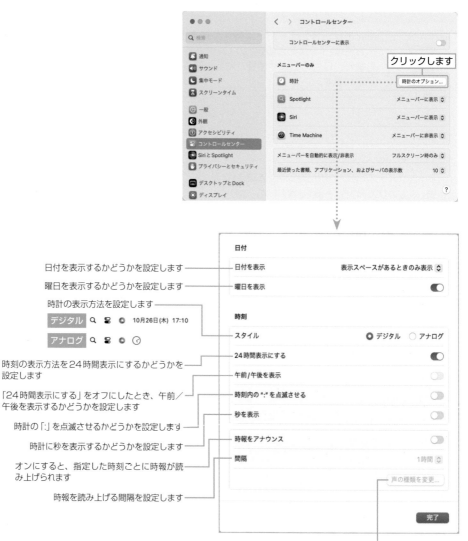

日付を表示するかどうかを設定します

曜日を表示するかどうかを設定します

時計の表示方法を設定します

時刻の表示方法を24時間表示にするかどうかを設定します

「24時間表示にする」をオフにしたとき、午前／午後を表示するかどうかを設定します

時計の「:」を点滅させるかどうかを設定します

時計に秒を表示するかどうかを設定します

オンにすると、指定した時刻ごとに時報が読み上げられます

時報を読み上げる間隔を設定します

時報読み上げの音声の種類や速度などを設定します

言語と地域を設定する

01 「システム設定」から「言語と地域」を選択

Dockやアップルメニューから「システム設定」を起動し、左のリストから「一般」を選択して、右のリストから「言語と地域」をクリックします。

02 使用言語や地域を設定する

Macで使用する言語や、地域などを設定します。

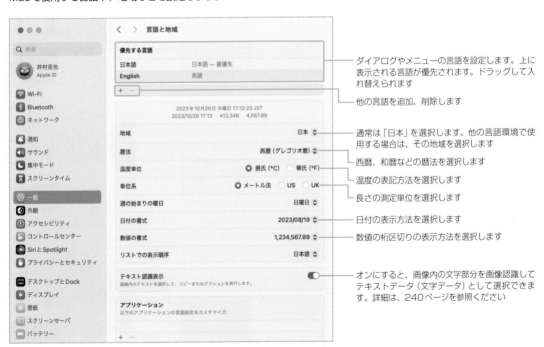

ダイアログやメニューの言語を設定します。上に表示される言語が優先されます。ドラッグして入れ替えられます

他の言語を追加、削除します

通常は「日本」を選択します。他の言語環境で使用する場合は、その地域を選択します

西暦、和暦などの暦法を選択します

温度の表記方法を選択します

長さの測定単位を選択します

日付の表示方法を選択します

数値の桁区切りの表示方法を選択します

オンにすると、画像内の文字部分を画像認識してテキストデータ（文字データ）として選択できます。詳細は、240ページを参照ください

▶ **Section 5-14**　「システム設定」▶「プリンタとスキャナ」

プリンタを接続して使えるようにする

 Macにプリンタを接続すれば、写真をプリントアウトしたり、年賀状やバースディカードなどのプリントもできます。プリンタを接続すれば、Macを使うことがさらに楽しくなります。

プリンタを接続して設定する

　　Macとプリンタの接続方法は、プリンタの機種によって異なります。接続方法は、大きく分けて３つあります。USBケーブルでの接続は単純ですが、Wi-Fiや有線LANの接続に関してはプリンタの取扱説明書を参考に接続してください。

● USBケーブルで接続

　　MacとプリンタをUSBケーブルで接続する方法です。接続は手軽にできますが、Macをプリンタの近くに設置する必要があります。

● Wi-Fiで接続

　　プリンタをMacと同じネットワークにWi-Fiで接続する方法です。同じネットワークに接続されていれば、MacはWi-Fiでも有線でもかまいません。

● 有線LANで接続

　　プリンタをMacと同じネットワークに有線で接続する方法です。同じネットワークに接続されていれば、Macは有線でもWi-Fiでもかまいません。

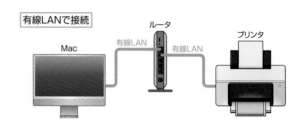

> → POINT
>
> 現在のプリンタの主流は、Wi-Fi接続機能を搭載したモデルです。Macだけでなく、スマートフォンなどからも無線で接続できるためです。

Macで確認する

　Macとプリンタを接続したら、「システム設定」の「プリンタとスキャナ」でMacにプリンタが登録されているかを確認します。

01 プリンタを確認する

Dockやアップルメニューから「システム設定」を起動し、「プリンタとスキャナ」をクリックします。
「プリンタとスキャナ」ウインドウでMacに接続したプリンタがリストに表示されていることを確認します。

⏻ Column

Webで最新の情報を入手しましょう

古いプリンタは、macOS Sonoma用のドライバをメーカーが提供しないこともあります。「ソフトウェアアップデート」でmacOS Sonoma対応のプリンタドライバがインストールされれば使用できますが、メーカーが保証しているかはわかりません。
メーカーのWebサイトで、ご使用のプリンタのmacOS Sonomaへの対応状況を確認してください。

02 プリンタの詳細情報を表示

プリンタ名をクリックすると、ポップアップウインドウが表示され、名称などを表示できます。

プリント実行時にプリント待ちのキューを表示できます

スキャンを実行します（スキャナ機能のあるプリンタのみ）

プリンタの名前を設定できます

クリックすると、プリンタを削除します

優先的に使用するデフォルトプリンタに設定します

プリンタが表示されない場合

「システム設定」の「プリンタとスキャナ」ウインドウにプリンタが表示されない場合、手作業で追加します。一度設定したプリンタの設定を削除してしまった場合も同様です。

プリンタとMacをケーブルで接続した状態で操作してください。

01「プリンタ、スキャナ、または ファクスを追加」をクリック

「プリンタとスキャナ」画面で「プリンタ、スキャナ、またはファクスを追加」をクリックします。

02 プリンタを追加する

リストに追加されたプリンタを選択して、「追加」ボタンをクリックします。

> **▶ POINT**
>
> 本書での説明は、ごく一部のプリンタでの検証結果です。プリンタとMacの接続は、メーカーや機種によってそれぞれ異なるので、ご使用のプリンタの取扱説明書やWebサイトの説明をご覧ください。

▶ Section 5-15 　「システム設定」▶「Touch IDとパスコード」

Touch IDを使う

Touch Bar搭載のMacでは、Touch IDボタンの指紋認証によってロック解除時のパスワード入力などを省略できます。Touch IDは、「システム設定」の「Touch ID」で登録します。

01 「指紋を追加」をクリック

Dockやアップルメニューから「システム設定」を起動し、「Touch IDとパスコード」をクリックします。「指紋を追加」をクリックします。

02 Touch IDで指紋を読み取り

Touch IDボタンに指紋を登録する指を置いて指紋を読み取ります。左の指紋全体が赤くなるまで、指を当てて離すを繰り返してください。

指紋全体が赤くなるまで、Touch IDボタンに指を当てて離すを繰り返します

03 指の境界部の指紋を読み取り

指の境界部分を読み取ります。Touch IDボタンに指を置いて、左の指紋全体が赤くなるまで、指を当てて離すを繰り返してください。

指紋全体が赤くなるまで、Touch IDボタンに指を当てて離すを繰り返します

04 「完了」をクリック

読み取りが完了したら、「完了」ボタンをクリックします。

クリックします

05 追加を確認

新しい指紋が追加されたことを確認します。

追加されました

⊗をクリックすると、
削除できます

Touch IDを使用する項目にチェックします

⏻ Column

Apple Payの支払

Touch Bar搭載のMacでは、Apple PayとTouch IDボタンの指紋認証によって、Apple Payに対応したWebサイトでの支払を行えます。Apple Payを設定するには、Apple Payに対応したクレジットカードを登録する必要があります。クレジットカードの登録は、「システム設定」の「ウォレットとApple Pay」で行ってください。
クレジットカードは内蔵カメラによる自動読み込み、手動による入力のどちらも可能です。

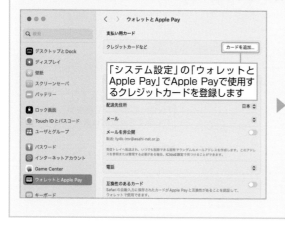

「システム設定」の「ウォレットと
Apple Pay」でApple Payで使用す
るクレジットカードを登録します

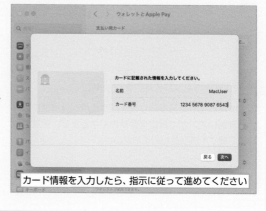

カード情報を入力したら、指示に従って進めてください

日本語入力を
マスターしよう

....

メールやメッセージを送ったり、カレンダーに予定を書き込むにも、
日本語を入力しなくてはなりません。Macの日本語入力機能をマ
スターして、効率的に文字を入力しましょう。

▶ Section 6-1 「かな」キー/「英数」キー/ひらがな/カタカナ/ABC

文字入力の基本ルール

Macで文字を入力するためには、日本語入力プログラムが必要です。macOS Sonomaには、日本語入力プログラムが付属しています。ここでは、文字入力の基本を覚えましょう。

入力する文字種（入力ソース）を選択する

キーボードから入力する文字種（入力ソース）は、メニューバーに表示されます。あ が表示されていれば日本語（ひらがなと漢字）、A が表示されていれば英数字、ア が表示されていれば全角カタカナの入力となります。

クリックして表示される入力メニューから、入力ソースを選択して切り替えられます。

英字の入力となります

日本語の入力となります

全角のカタカナの入力となります

> ### → POINT
>
> 「システム設定」の「キーボード」を選択し「fnキーを押して」の設定を「入力ソースを変更」に設定すると、キーボードの fn キーを押して入力方法を変更できます。

> ### → POINT
>
> カタカナが表示されない場合は、「システム設定」の「入力モード」で「カタカナ」をチェックしてください（179ページを参照）。

また、日本語キーボードを利用している場合、 かな キーでひらがなの入力、 英数 キーで英数字の入力となります。

> ### → POINT
>
> 選択した入力方法（「ローマ字入力」か「かな入力」）によって、メニューの表示が若干異なります。

英数字入力になります　　　ひらがな入力になります

⏻ Column

入力ソースを表示する

入力メニューの「入力ソース名を表示」を選択すると、入力メニューにアイコンだけでなく文字種も表示され、わかりやすくなります。

入力方式によっては、表示される文字種の表示が異なる場合があります

入力ソース名を表示させます

選択します

日本語を入力する（変換しながら入力する）

01 読みを入力する

日本語を入力するには、日本語の読みをひらがなで入力してから、漢字に変換します。メニューバーで入力ソースが「ひらがな」 あ であること確認し、キーボードから文字を入力します。
ここでは、「監事」と入力してみます。
「ローマ字入力」は、K A N J I とタイプします。
「かな入力」は、か ん し ゛ とタイプします。

1. 確認します

2. タイプすると自動で漢字に変換されます

入力した文字から推測される漢字変換が表示されます。マウスでクリックするか、キーボードの ↓ キーで選択して return キーを押すと、表示された語句を入力できます

感じ
漢字
幹事
かんじ

➡ POINT

画面は「テキストエディット」（246ページ参照）ですが、メールやメッセージなどすべての文字入力で共通です。

➡ POINT

「ローマ字入力」と「かな入力」の切り替えは、176ページを参照してください。

⏻ Column

間違えたら delete キーを押す

入力中に文字を間違えて入力したら、delete キーを押すと1文字前の文字が削除されます。

⏪ ShortCut

ひらがな入力にする
control + shift + J または かな キー

02 漢字に変換する

読みを入力したら、（スペース）キーを押して漢字に変換します。

同じ読みの漢字が多い場合には候補選択ウインドウが表示されるので、マウスでクリックするか、キーボードの↓キーで選択して return キーを押して選択します。

「監事」と変換してみましょう。

> ### → POINT
>
> 下線が表示されている状態では未確定です。再度 （スペース）キーを押して他の漢字に変換できます。 return キーを押して入力確定となります。

1. キーを押します

（スペース）キーを押す度に変換候補のハイライトが下に移動します。↑キー↓キーでも移動できます

2. 候補選択ウインドウから「監事」を選択して return キーを押します

3. return キーを押して確定します

⏻ Column

候補選択ウインドウの表示

候補選択ウインドウで選択候補を選択して少し経つと、ウインドウのサイズが大きくなり、選択している候補の意味がポップアップ表示されます。また、画面下部には分類が表示され、クリックすると部首や名前で候補が表示されます。

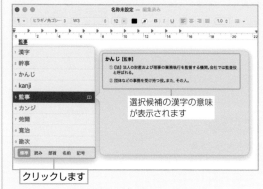

選択候補の漢字の意味が表示されます

クリックします

読みの名前が変換候補として表示されます

カタカナを入力する

カタカナで「キャンプ」と入力してみます。ここでは、入力ソースを「カタカナ」 ア にしてから入力します。

「ローマ字入力」は、 K Y A N P U の順番でキーを押して return キーを押します。

「かな入力」は、 き ゃ ん ふ ゜ の順番でキーを押して入力します。 ゃ は、 shift キーを押しながら や キーを押します。

> → **POINT**
>
> 「ローマ字入力」「かな入力」の切り替えは、176ページを参照してください。

> → **POINT**
>
> ローマ字入力では、ひらがな入力時に shift キーを押しながら入力するとカタカナを入力できます。

> → **POINT**
>
> 読みを入力して control キーと K キーを押すと、カタカナに変換できます。

1. 確認します

2. タイプして return キーを押します

キャンプ場

予測変換の候補が表示されます

ShortCut

カタカナ入力にする

control + shift + K
shift + かな

⏻ **Column**

プライベートモード

入力メニューの「プライベートモード」を選択してチェックを付けると、入力した文字の変換履歴を残さずに入力できます。

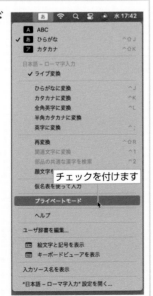

チェックを付けます

⏻ **Column**

ショートカット

日本語入力時には、ショートカットでカタカナや英数字に変換できます。

ShortCut

ひらがなに変換	全角英数字に変換
control + J	control + L
カタカナに変換	**半角英数字に変換**
control + K	control + ;

半角英数字を入力する

英数字の入力には、全角と半角があります。半角英数字を入力するには、入力ソースを「英字」にしてから入力します。

ここでは、「iPhone」と入力してみます。

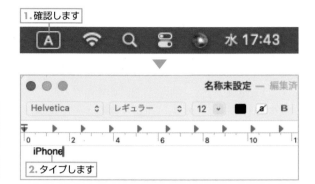

1. 確認します
2. タイプします

ShortCut

英字入力にする
control + shift + ;
または 英字 キー

→ POINT

設定によって、caps lock キーでひらがなと英数字の入力を切り替えられます（179ページ参照）。

⏻ Column

ひらがなから半角英数字に変換

読みを入力して control キーと ; キーを押すと、半角英数字に変換されます（「ライブ変換」がオンのときは、変換されないこともあります）。変換後は、入力文字種が英字に変わります。

⏻ Column

大文字は shift キーを押して入力

「P」のような大文字は、shift キーを押しながら入力します。
また、caps lock キーを押してランプが付いているときは大文字、ランプが消えているときは小文字の入力となります。

⏻ Column

スペルミスのチェック

テキストエディットやPagesなど、自動スペルチェック機能を持つアプリでは、スペルミスがあると正しいスペルのポップアップが下部に表示され正しいスペルで入力されます。入力した文字の通りに入力するには、esc キーを押すかポップアップの×をクリックして消してください。

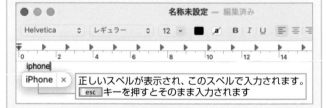

正しいスペルが表示され、このスペルで入力されます。esc キーを押すとそのまま入力されます

⏻ Column

郵便番号から住所を入力

郵便番号を全角数字で入力すると、該当する住所に変換できます。

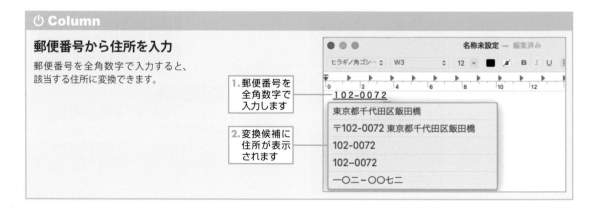

1. 郵便番号を全角数字で入力します
2. 変換候補に住所が表示されます

▶ **Section 6-2**　日本語入力 / ローマ字入力 / かな入力 /「入力ソース」パネル

入力方法を設定する

日本語入力には「ローマ字入力」「かな入力」の2つの方法があります。入力方法は、Macの初期設定時に選択しますが、あとからでも追加できます。

2つの日本語入力方法

　キーボードからひらがな、カタカナを入力するには「ローマ字入力」と「かな入力」の2つの方法があります。Macでは、初期設定時に選択した入力方法となります。

　例えば「空」と入力するときに、キーボードの S O R A の順番でキーを押して入力する方法が「ローマ字入力」です。

ローマ字入力でキーを押す順序

　そ ら の順番でキーを押して入力する方法が「かな入力」です。

かな入力でキーを押す順序

入力方法を変更する

入力方法を変更するには、新たに入力方法を追加します。ここでは「ローマ字入力」の環境に、「かな入力」を追加します。

1.クリックします

1.クリックします

01 メニューバーから「"日本語-ローマ字入力"設定を開く」を選択

メニューバーの あ をクリックし、メニューから"日本語-ローマ字入力"設定を開く」を選択します。

2.選択します

02 入力方法を切り替える

「システム設定」の「キーボード」にある「テキスト入力」の「入力ソース」の「編集」をクリックしたときに表示される「すべての入力ソース」ポップアップウインドウが表示されます。
ウインドウ左下にある + をクリックします。

3.クリックします

03 かな入力を追加する

「日本語−かな入力」を選択して、「追加」をクリックします。

4.選択します

5.クリックします

04 追加された

追加されました。
「完了」をクリックして、ポップアップウインドウを
閉じます。

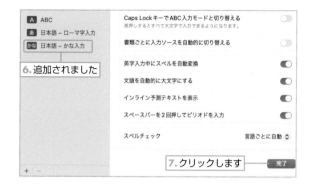

入力方法を切り替える

「かな入力」「ローマ字入力」の入力方法は、
メニューバーから切り替えることができます。

> **→ POINT**
>
> キーボードの かな キーは、最後に選択した入力方
> 法に切り替わります。

> **→ POINT**
>
> 「システム設定」の「キーボード」を選択し、「キー
> ボード」パネルで「fnキーを押して」の設定を「入
> 力ソースを変更」に設定すると、キーボードの fn
> キーを押して入力方法を変更できます。

⏻ Column

キーボードのキーの印字

キーボードには最大4文字のキーが印字されています。こ
の文字は、入力方法によって異なります。一般的には、右
図のようになります。

ローマ字入力で shift キーと
一緒に押して入力される文字

ローマ字入力で
入力される文字

かな入力で shift
キーと一緒に押し
て入力される文字

キーボードに印字されている文字は、
入力方法によって異なります

かな入力で入力される文字

Macの日本語入力では、「かな入力」で「ローマ字入力」用の文字を入力するには、option キーを押すと入力できます。
上記の例では、option キーを押しながら あ キーを押すと「3」を入力できます。option キーと shift キーを押しながら あ キーを押す
と「#」を入力できます。
「ローマ字入力」では、厳密にこのルールが適用されるわけではありません。 キーを押すと「、」になります。「，」を入力するには
option キーを押しながら キーを押します。
通常の入力だけでなく、option キーを押してどんな文字が入力されるかを試しておくとよいでしょう。

その他の設定

01 「入力ソース」の「編集」をクリックする

「システム設定」の「キーボード」を選択し、「テキスト入力」の「入力ソース」の「編集」をクリックします。

2. クリックします

1. 選択します

02 すべての入力ソースに共通の設定をする

「すべての入力ソース」を選択すると、すべての入力ソースに共通の設定ができます。

caps lock キーを長押しすると、通常の caps lock として常に大文字が入力できるようになります

メニューバーに入力メニューを表示します

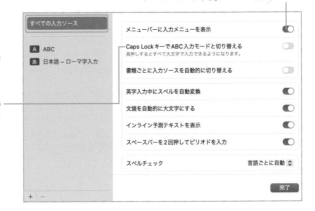

03 入力ソースごとに設定する

「日本語−ローマ字入力」または「日本語−かな入力」を選択すると、日本語入力に関する設定を行えます。

キー配列が表示されます。shift キーや option キーを押すと、そのキーを押したときに入力できる文字が表示されます

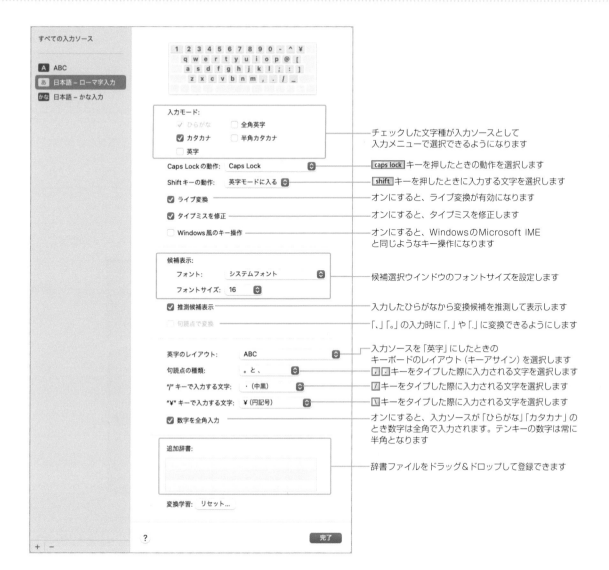

チェックした文字種が入力ソースとして
入力メニューで選択できるようになります

caps lock キーを押したときの動作を選択します

shift キーを押したときに入力する文字を選択します

オンにすると、ライブ変換が有効になります

オンにすると、タイプミスを修正します

オンにすると、WindowsのMicrosoft IME
と同じようなキー操作になります

候補選択ウインドウのフォントサイズを設定します

入力したひらがなから変換候補を推測して表示します

「、」「。」の入力時に「,」や「.」に変換できるようにします

入力ソースを「英字」にしたときの
キーボードのレイアウト (キーアサイン) を選択します

⁄／␣キーをタイプした際に入力される文字を選択します

⁄キーをタイプした際に入力される文字を選択します

\キーをタイプした際に入力される文字を選択します

オンにすると、入力ソースが「ひらがな」「カタカナ」の
とき数字は全角で入力されます。テンキーの数字は常に
半角となります

辞書ファイルをドラッグ＆ドロップして登録できます

⏻ Column

辞書を追加する

辞書を追加するには、辞書ファイルを「追加辞書」のリスト内にドラッグ＆ドロップしてください。
辞書ファイルは、「"きららざか","雲母坂","普通名詞"」「"ひがこ","東小金井","普通名詞"」のように、「"入力文字","変換文字",
"品詞"」の順番で記述したテキストファイルで作成します。品詞がわからない場合は、""で記述なしでもかまいません。
文字コードはShift-JISまたはUTF-16で保存してください。

179

▶ Section 6-3　　「システム設定」▶「キーボード」/ 入力メニュー ▶「絵文字と記号を表示」「キーボードビューアを表示」

絵文字や読みかたがわからない文字を入力する

 読みかたがわからない文字や特殊な記号などは、「絵文字ビューア」を使うと部首から検索して入力できます。

部首から漢字を入力する

01 絵文字と記号を表示する

ここでは、「齾」を入力してみましょう。入力メニューから「絵文字と記号を表示」を選択します。

> キーボードビューアが表示されます。
> 詳細は、次ページを参照してください

02 部首から漢字を検索する

右上の □ をクリックして、詳細表示に切り替えます。左側のリストから「漢字」を選択します。

右側に部首の画数が表示されるので、目的の漢字の画数（ここでは「黄」なので11画）の 〉をクリックして部首を選択します。

部首の右側に、選択した部首の漢字が画数順に表示されるので目的となる文字を探します。

目的の文字をクリックすると右側に拡大されて表示され、正しい文字か確認できます。
また、読みが表示されるので、次回入力する際の変換に利用できます。

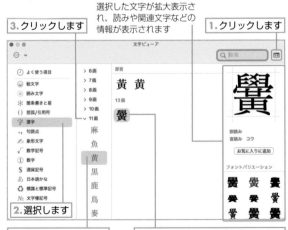

絵文字や記号を入力する

「文字ビューア」では、読めない漢字だけでなく、記号や絵文字なども表示して入力できます。

数字
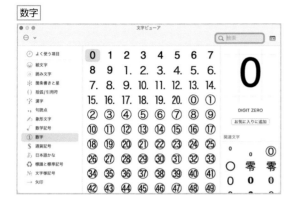

絵文字
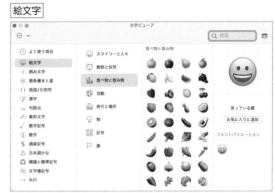

→ POINT

メールで送信する際、Macで入力できてもWindowsでは使えない文字もあります。特に絵文字や記号にはご注意ください。

⏻ Column

文字ビューアを素早く呼び出す

「システム設定」の「キーボード」を選択し、「🌐キーを押して」
の設定に「絵文字と記号を表示」を選択すると、文字入力時に
fn キーを押すと文字ビューアを表示できます。再度 fn キー
を押すと文字ビューアは非表示になります。

「絵文字と記号を表示」に設定する ─

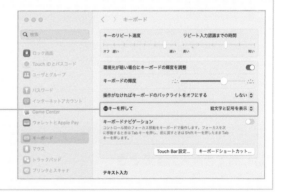

⏻ Column

キーボードビューアを使う

キーボードビューアは、半角英数字の入力で便利に利用でき
ます。Macでは option キーを押すと特殊記号を入力でき
るのですが、どのキーにどの文字が割り当てられているか
頻繁に使用しないと忘れてしまいます。
キーボードビューアを使えば、どのキーに割り当てられて
いるかがすぐにわかります。また、キーをクリックしてそ
のまま入力できるのも便利です。

option キーを押したときに入力できる文字

▶Section 6-4 「編集」メニュー ▶「音声入力を開始」

音声で入力する

macOS Sonomaでは、文字入力できる箇所ではMacに内蔵されているマイクを利用して音声による文字入力が可能です。内蔵マイクのないMacでは、外部マイクを接続することで利用できます。

音声で入力する

音声入力は、メモ、連絡先、Finderウインドウなど、文字を入力するアプリで使用できます。
ここでは、「テキストエディット」で説明します。

01 音声入力を開始する

「編集」メニューの「音声入力を開始」を選択します。
ほとんどのアプリが同じメニューで開始できます。

ShortCut

音声入力の開始／終了
「システム設定」の「キーボード」にある「音声入力」の「ショートカット」で設定します（次ページ参照）。

Column

はじめて音声入力するとき

はじめて音声入力をするときは、音声入力を有効する確認ダイアログが表示されます。「OK」ボタンをクリックすると音声入力の注意を促すダイアログが表示されるので、「有効にする」をクリックすると音声入力が有効となります。

02 音声入力する

文字を入力するカーソルの横にマイクの吹き出しが表示されます。表示されないときは、「編集」メニューの「音声入力を開始」を選択するか、設定されているショートカットキーを押します。

入力したい言葉をしゃべると、音声認識されて文字が入力されます。

入力が終了したら、[esc]キーを押すか、設定されているショートカットキーを押します。

音声入力できる状態になると表示されます

▼

しゃべった文字が入力されます

千代田区飯田橋

⏻ Column

音声入力のオン／オフやショートカットの設定

音声入力の有効／無効を設定するには、「システム設定」の「キーボード」を選択し、「音声入力」で設定できます。

音声入力の有効／無効を設定できます

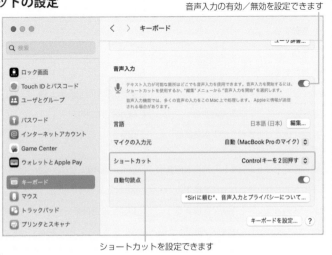

ショートカットを設定できます

▶ **Section 6-5**　　ショートカットキー

文字入力に便利なショートカットキーを覚える

あ　　文字入力時には、ショートカットキーを使うと効率的になります。ショートカットキーの一覧を掲載するので参考にしてください。

操作	通常のキー操作時に押すキー	Windows風キー操作時に押すキー
変換する	▭▭▭▭（スペースキー）	▭▭▭▭（スペースキー）
次候補を選択する	矢印キー（縦書き時→、横書き時↓） ▭▭▭▭（スペースキー）、または control + N	矢印キー（縦書き時→、横書き時↓） ▭▭▭▭（スペースキー）
強調表示された候補を選択する	return	矢印キー（横書き時←／→、縦書き時↑ ／↓）で選択して他の文節に移動
横書き時の候補ウインドウ内を8行ずつ 左または右にスクロールする	shift + ↑／↓ control + V、または control + R	pageup ／ pagedown
縦書き時の候補ウインドウ内を8行ずつ 左または右にスクロールする	shift + ←／→	pageup ／ pagedown
変換を確定する	return	return
前の文節を変換対象にする	←（縦書き時↑）、または control + B	←（縦書き時↑）
次の文節を変換対象にする	→（縦書き時↓）、または control + F	→（縦書き時↓）
変換対象の文節を長くする	shift + →（縦書き時 shift + ↓） control + W、または control + O	shift + →（縦書き時 shift + ↓） control + L
変換対象の文節を短くする	shift + ←（縦書き時 shift + ↑） control + Q、または control + I	shift + ←（縦書き時 shift + ↑） control + K
上へ移動する	↑	↑
下へ移動する	↓	↓
左へ移動する	←	←
右へ移動する	→	→
前の1文字を削除する	delete、または control + H	delete、または control + H
変換中のすべての文字を削除する	esc を2回押す	
変換中に確定したすべての文字変換を キャンセルして読みに戻す	esc	esc、または control + Z
直前の確定をキャンセルして読みを再表示	control + delete、または かな を2回押す	control + delete、または かな を2回押す
英字で入力した文字をかなに変換する	かな を2回押す	かな を2回押す
かなで入力した文字を英字に変換する	英数 を2回押す	英数 を2回押す

（注意）縦書き時のキー操作は、縦書き入力の機能のあるアプリで文字を入力する場合に使います。

ホームページを閲覧する（Safari）

・・

macOS Sonomaの「Safari」には、Webページをより効率よく、読みやすく閲覧するだけでなく、興味のあるWebページを登録・整理・共有するための、さまざまな機能が用意されています。

Safari / インターフェイス / リーディングリスト / スマート検索フィールド

Safariの基本

インターネットのWebページを見るために、macOSにはSafariが標準で付属しています。インターネットに接続できる環境を用意して、SafariでWebページを楽しみましょう。

Safariを起動する

Dockにある「Safari」をクリックすると、Safariが起動します。

クリックします

● Safariのインターフェイス

❶ クリックすると、サイドバーを表示します（190ページ参照）。

❷ タブグループを作成します（193ページ参照）。

❸ 前に表示していたWebページを表示します。

❹ 後に表示していたWebページを表示します。

❺ クリックすると、Webページの本文だけを表示できます。

❻ アドレス欄にカーソルを移動すると表示され、表示中のWebページをブックマーク（190ページ参照）やリーディングリスト（下記参照）に登録します。

❼ 「スマート検索フィールド」と呼ばれる表示中のWebページのアドレスが表示されます。表示したいWebページのアドレス（URL）を直接入力したり、検索したい語句を入力します（下記参照）。

❽ 指定した言語に翻訳します（200ページ参照）。

❾ 表示中のWebページを再読み込みします。テキスト形式でスポーツ実況をしているWebページなどで、最新の情報に更新したい場合に使用します。

❿ 進行中のダウンロードの状態が表示されます。これまでのダウンロード履歴を確認することもできます。

⓫ 表示中のWebページを共有します（289ページ参照）。

⓬ クリックすると、タブを追加します。

⓭ 現在開いているタブの内容を一覧表示します。

⓮ 1つのウインドウ内に複数のWebページを表示する場合、それぞれのWebページは「タブ」という単位で表示されます（188ページ参照）。

⓯ 「ページピン」機能を使用すると、よく見るWebサイトをタブに固定できます。クリックすると、最新の状態でページを表示できます（188ページ参照）。

⓰ 登録したタブグループが表示されます（194ページ参照）。

⓱ ブックマークサイドバーを表示します（190ページ参照）。

⓲ リーディングリストサイドバーを表示します。

⓳ 「メッセージ」アプリでピン固定したリンクが表示されます。

⏻ Column

リーディングリスト

リーディングリストは、Webページの内容を保存する機能です（前ページの❻をクリックすると登録されます）。リーディングリストに登録したWebページはインターネットに接続していない状態でも読めるので、外出先で読む場合などに便利です。

検索語句を入力して、見たいWebページを探す

01 検索語句を入力

スマート検索フィールドに見たいWebページに関係がありそうな語句（検索語句）を入力してから、returnキーを押します。
語句を空白文字で区切ると、複数の検索語句で検索できます。

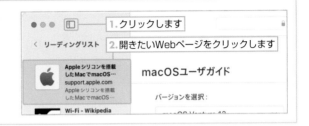

よく検索される語句の候補が表示されます

● 表示中のWebページ内の語句を使って検索する

表示されているWebページから、検索したい語句をドラッグして選択状態にします。controlキーを押しながらクリック（右クリックでも可）してショートカットメニューの「Googleで検索」を選択します。

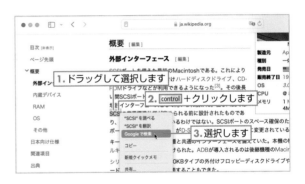

▶ **Section 7-2**　　Safari / タブ / ショートカットメニュー ▶「リンクを新規タブで開く」

1つのウインドウに複数のWebページを まとめて表示する（タブ表示）

「複数のWebページをまとめて開いて、あとでゆっくり見たい」「関連Webページを開きたいけれど、表示中のWebページはそのままにしておきたい」というような場合は、Webページをタブ表示すると便利です。

■ タブを追加してから、見たいWebページを表示させる

01 新しいタブを追加

タブバー右端の＋をクリックして、新しいタブを追加します。

02 見たいWebページを表示

追加したタブで、見たいWebページを表示します。表示するタブを切り替えるには、見たいWebページのタブをクリックします。

▶ ShortCut

新規タブ　　⌘ + T

⏻ Column

タブを閉じる

タブにマウスカーソルを重ねると × が表示されるので、クリックするとタブを閉じることができます。

■ よく見るタブを固定する（ページピン）

「ウインドウ」メニューの「タブを固定」を選択するか、タブを左までドラッグすると、表示しているWebページをタブとして固定できます。クリックすると、最新の状態で表示されます。

➡ POINT

「ウインドウ」メニューの「タブを固定解除」を選択するか、固定したタブを右にドラッグすると、固定を解除できます。

リンク先のページを新規タブや新規ウインドウで開く

開きたいページのリンクを control キーを押しながらクリックします（右クリックでも可）。

ショートカットメニューから「リンクを新規タブで開く」を選択すると、リンク先のページが新しいタブとして背後に表示されます。

「リンクを新規ウインドウで開く」を選択すると、新しいウインドウでリンク先のページが表示されます。

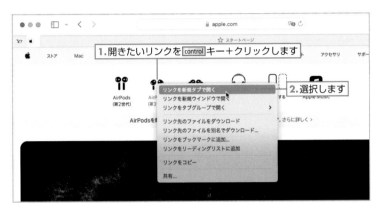

タブの内容を一覧表示する

ツールバー右端の をクリックすると、表示中のウインドウで開いているすべてのタブのプレビューが表示されます。

プレビューをクリックすると、選択したタブの内容に表示が切り替わります。タブをドラッグして、表示順を入れ替えることもできます。

→ **POINT**

タブの上にマウスカーソルを重ねると、そのWebページがプレビュー表示されます。

→ **POINT**

「ウインドウ」メニューから「すべてのウインドウを結合」を選択すると、複数のウインドウで開いているWebページを1つのウインドウにタブ表示でまとめることができます。

→ **POINT**

別のウインドウで開きたいタブを表示してから「ウインドウ」メニューから「タブをウインドウに移動」を選択するか、タブ部分をウインドウの外側にドラッグすると、タブを切り離して新しいウインドウで表示することができます。

▶ **Section 7-3**　　Safari /「ブックマーク」メニュー /「お気に入りバー」/「ブックマークサイドバー」

気に入ったWebページをブックマークに登録する

気に入ったニュースサイトやブログをブックマークに登録して、お気に入りやブックマークメニューからすぐにアクセスできます。ブックマークをフォルダに分類して整理することもできます。

Safariで利用できるブックマーク

登録したブックマークにアクセスする方法として、Safariでは「ブックマーク」メニューの他に「お気に入り」と「ブックマークサイドバー」が用意されています。
用途に合わせて使い分けると便利です。

ブックマークサイドバー ◀················

クリックして表示／非表示を切り替えられます

お気に入り｜スマート検索フィールドをクリックすると表示されます

⏻ **Column**

お気に入りバーの表示

「表示」メニューの「お気に入りバーを表示」を選択すると、お気に入りバーに「お気に入り」に登録したWebサイトが表示されます。

お気に入りバーも表示できます

ブックマークを登録する

01 ⊕を長押しして登録先を選択

ブックマークに登録するWebページを表示します。
検索フィールドにカーソルを移動し、ブックマーク
登録メニュー⊕が表示されるまでマウスボタンを押
し続けます。ブックマークの登録先を選択してから、
マウスボタンを放します。

> **→ POINT**
>
> ⊕をクリックすると、リーディングリスト（187
> ページ参照）に追加されます。

ShortCut

ブックマークに追加　⌘ + D

1. 登録したいWebページを表示します

2. メニューが表示されるまで
マウスボタンを押し続けます

3. 登録先を選択します

02 ブックマークが登録される

選択した場所にブックマークが登録されます。
頻繁にアクセスするWebページはお気に入り、それ
以外はブックマークメニューに登録するように使い
分けると便利です。

4. 選択した場所にブックマークが登録されます

登録したブックマークをフォルダで分類して整理する

　ブックマークはWebページのジャンル（例：ニュース、スポーツ）や自分の使い方（例：毎日読む、趣味）
にあわせてフォルダで整理すると便利です。

01 「ブックマーク」メニューの
「ブックマークを編集」を選択

「ブックマーク」メニューから「ブックマークを編集」
を選択します。

1. 選択します

ShortCut

ブックマークを編集

option + ⌘ + B

191

02 「新規フォルダ」をクリック

ブックマークサイドバー右上の「新規フォルダ」をクリックします。フォルダが追加されるので、フォルダの名前を入力します。

2.クリックします

3.フォルダ名を入力します

03 ドラッグ＆ドロップで整理

ブックマークに登録されているWebページを、追加したフォルダにドラッグ＆ドロップして整理します。

4.必要なだけフォルダを追加して、整理します

⏻ Column

ブックマークの編集を終える

「ブックマーク」メニューから「ブックマークエディタを非表示」を選択します。再度、option + ⌘ + B キーを押してもかまいません。

⏻ Column

ブックマークを移動する／削除する

ブックマークサイドバーのWebページのリスト部分やフォルダをドラッグ＆ドロップして、表示順を変更できます。Webページのリスト部分を control キーを押しながらクリック（右クリックでも可）して「削除」を選択すると、ブックマークやブックマークフォルダを削除できます。

登録したブックマークの名前を変更する

登録したブックマーク名が長すぎたり、内容がわかりにくい名前がついていると、あとからアクセスする際に「ブックマークに登録したはずだけど、どれだっけ？」と困ってしまいます。必要と好みに応じて、ブックマークの登録名を変更できます。

01  をクリック

ツールバーの  をクリックしてサイドバーを開き、「ブックマーク」をクリックしてブックマークサイドバーを表示します。
名前を変更するWebページのリスト部分を control キーを押しながらクリック（右クリックでも可）して、「名称変更」を選択します。

1.クリックします

2. control +クリックします

3.選択します

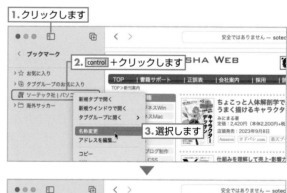

→ POINT

「アドレスを編集」を選択するとURLの編集、「削除」でブックマークの削除、「コピー」でブックマークをコピーできます。

🔲 ShortCut

ブックマークサイドバーを表示

control + ⌘ + 1

02 ブックマークの登録名を変更

ブックマークの登録名を変更します。

4.ブックマークの登録名を変更します

▶ Section 7-4　　Safari / タブグループ

タブグループを使う

タブグループは、複数サイトのブックマーク機能です。よく閲覧するWebサイトが複数ある場合、タブグループに登録しておけば、1クリックで複数のサイトにすぐにアクセスできます。

タブグループを作成する

01 登録するWebサイトを表示して登録

タブを使って、よく利用するサイトを表示します。▥をクリックしてサイドバーを表示したら、▣をクリックして「N個のタブで新規タブグループ」を選択します。

> **→ POINT**
> 「空の新規タブグループ」を選択すると、空のタブグループを作成できます。

02 タブグループの名称を付ける

タブグループが作成されるので、名称を入力します。

タブグループを開く

🔲をクリックしてサイドバーを表示してタブグループをクリックすると、登録したWebページのタブがすべて表示されます。

⏻ Column

タブグループへのタブの追加・削除

タブグループを選択した状態でタブを追加・削除すると、タブグループは追加・削除した最新の状態で保存されます。

⏻ Column

新しいタブグループを作成する

新しいタブグループを作成するには、「空のタブグループ」を作成してタブを追加してください。また、サイドバーの上部に表示された「スタートページ」または「N個のタブ」をクリックすると、タブグループ未登録の状態になるので、登録したいWebページのタブの状態にしてから新しいタブグループを作成してください。

表示するタブグループの変更

サイドバーを閉じた状態では、🔲の右の⌄をクリックして表示するタブグループを変更できます。

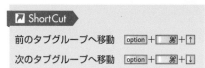

| 前のタブグループへ移動 | option + ⌘ + ↑ |
| 次のタブグループへ移動 | option + ⌘ + ↓ |

▶ **Section 7-5**　　「Safari」メニュー ▶「設定」▶「パスワード」パネル /「システム設定」▶「パスワード」

Webページのパスワードを保存する

パスワードが必要なWebサイトのユーザ名とパスワードをSafariに保存して、自動入力できます。ユーザ名とパスワードを保存しておけば、次回から入力する必要はありません。

パスワード入力が必要なWebページでパスワードを保存する

01 Webページでユーザ名と
パスワードを入力

パスワードの入力が必要なWebページにアクセスします。
ユーザ名とパスワードを入力すると、確認ダイアログが表示されます。

1. ユーザ名とパスワードを
入力します

2. クリックします

02 「パスワードを保存」をクリック

「パスワードを保存」ボタンをクリックすると、次回からはユーザ名とパスワードが自動で入力されます。

クリックします

iCloudキーチェーン使用時

→ POINT

自動入力を利用する場合は、自分以外の第三者がMacを利用しないように注意しましょう。また、商品を購入するWebサイトなど、課金・決済に関連するWebサイトでは自動入力を使用せずに、面倒でも手動で入力するようにしましょう。

→ POINT

パスワードを保存すると、次回入力時にどのパスワードを利用するかのポップアップが表示されます。アカウント名（ユーザ名）をクリックすると、パスワードが自動で入力されます。

クリックすると、パスワード
が自動入力されます

これまでに保存したパスワードを確認する

01 「設定」を選択

「Safari」メニューから「設定」を選択します。

ShortCut

設定　⌘ + ,

選択します

02 「パスワード」パネルを表示

「パスワード」パネルを表示します。
Touch IDをタッチするか、「パスワードを入力」欄
にMacの管理者パスワードを入力します。

1.選択します

2.パスワードを入力します

03 ユーザ名とパスワードを確認

登録されているWebサイトのⓘをクリックします。
ポップアップウインドウが表示されるので、パス
ワード欄にカーソルを移動するとパスワードが表示
されます。

1.クリックします

2.カーソルを移動すると
表示されます

クリックすると、登録した
パスワードを削除できま
す。削除したパスワード
は、「最近削除した項目」に
30日間保管されてから完
全に削除されます

⏻ Column

「システム設定」の「パスワード」

Safariに登録したパスワードは、「システム設
定」の「パスワード」や「キーチェーンアクセ
ス」と連動しています。

「システム設定」の
「パスワード」と連
動しています

パスワードのセキュリティ

　登録したパスワードが使い回されていたり、
漏洩の危険性がある場合は、「セキュリティに
関する勧告」をクリックすると勧告表示され
ます。推測しやすいパスワードは推測しにく
い長いパスワードに変更したり、使い回しし
ているパスワードは異なるパスワードに設定
し直したりするように心がけましょう。

クリックします

チェックすると、漏洩の危険
があるパスワードを検出して
勧告表示されます

セキュリティに関する勧告

漏洩したパスワードを検出
Macで、パスワードを安全に監視し、既知の漏洩データの中にそのパスワードが存在
する場合に警告することができます。パスワードとプライバシーについて...

優先度の高い勧告 (11件)　　　　　　　　　　　　　　非表示

　　✕ twitter.com — █████
　　このパスワードはデータ漏洩で検出されたことがあるため、このアカウントは危険に
　　さらされています。

　　このパスワードは、"█████████"、"█████████"、およびその他6件のWeb
　　サイトでも使い回しされています。その内のどれかが危険にさらされた場合、この
　　アカウントに対する危険性も上昇します。

セキュリティの勧告のあった ──
パスワードが表示されます

　　Webサイトのパスワードを変更

　　💧 dropbox.com — █████████████
　　このパスワードはデータ漏洩で検出されたことがあるため、このアカウントは危険に
　　さらされています。

　　このパスワードは、"█████████"、"█████████"、およびその他6件のWebサイトで
　　も使い回しされています。その内のどれかが危険にさらされた場合、このアカウント
　　に対する危険性も上昇します。

クリックすると、パスワード ── **Webサイトのパスワードを変更**
が登録されているWebサイ
トを表示します。パスワード
を変更するのに便利です

完了

197

▶ **Section 7-6**   Safari /「履歴」メニュー ▶「すべての履歴を表示」

これまでに表示したWebページを確認する（履歴）

履歴表示を使用して、これまでにSafariで表示したWebページを確認できます。「確かに見たはずだけど、どのWebページなのか思い出せない」という場合には、履歴を検索することもできます。

履歴を表示する

01 履歴を表示

「履歴」メニューから「すべての履歴を表示」を選択します。

すべての履歴を表示 　⌘＋Ｙ

02 履歴を確認

これまでに表示した履歴を確認します。
ウインドウ右上の検索フィールドで履歴内に含まれる語句を検索して、Webページを検索することもできます。
履歴を選択して delete キーを押すと、選択した履歴だけを削除できます。

選択します

Column

履歴を消去

「履歴」メニュー下部の「履歴を消去」や「履歴」ウインドウの「履歴を消去」では、指定した期間に閲覧したWebサイトの履歴をCookieやその他のWebサイトデータと一緒に削除します。
Cookieやその他のWebサイトデータを残して、閲覧履歴だけを消去したいときは、「Safari」メニューを option キーを押しながら表示して、「履歴を消去（Webサイトデータは保持）」を使って履歴を消去してください。

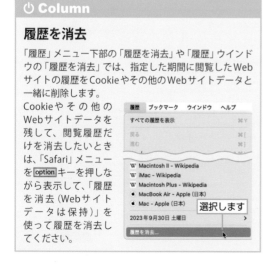

選択します

語句を入力して履歴を検索できます

「履歴を消去」ボタンをクリックすると、
指定した期間の履歴を消去できます

履歴は日付ごとにまとめて表示されます

▶ **Section 7-7**   Safari /「ファイル」メニュー ▶「新規プライベートウインドウ」

プライベートブラウズを使用する

 自分のMac以外でSafariを利用する際、閲覧履歴や検索履歴を残したくないときは、プライベートブラウズを使用しましょう。

プライベートブラウズを利用する

01 プライベートブラウズを開始する

「ファイル」メニューから「新規プライベートウインドウ」を選択します。

ShortCut

新規プライベートウインドウ

shift + ⌘ + N

→ 選択します

02 通常どおり利用する

新しくプライベートブラウズモードのウインドウが表示されます。画面上部のスマート検索フィールドがグレーで表示されます。
通常のSafariと同様に利用できますが、閲覧履歴、検索履歴、自動入力情報などは保存されません。

→ **POINT**

プライベートブラウズモードの画面でも、タブ表示は可能です。プライベートブラウズウインドウ内のタブは、どのタブでもプライベートブラウズとなります。

プライベートブラウズのウインドウが表示されます

プライベートブラウズでは、グレーで表示されます

⏻ **Column**

Safari起動時にプライベートブラウズウインドウを開く

Safari起動時にプライベートブラウズウインドウを開くように設定するには、「Safari」メニューから「設定」（⌘ + ,）を選択し、「一般」パネルの「Safariの起動時」で「新規プライベートウインドウ」を選択します。

選択します

▶ Section 7-8　　Safari / 日本語に翻訳

翻訳機能を使う

Safariに翻訳機能が付きました。正確な日本語ではなくても、英文サイトに書かれている概要が日本語でわかると大変便利です。

01 「日本語に翻訳」を選択

英文サイトなどで、スマート検索フィールドに表示された 🔳 をクリックして、「日本語に翻訳」を選択します。

02 「翻訳を有効にする」をクリック

「翻訳を有効にする」ボタンをクリックします。

03 翻訳表示された

日本語に翻訳されて表示されます。

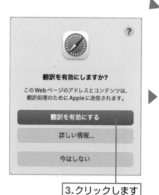

翻訳表示された

⏻ Column

原文に戻す

原文に戻すには、🔳 をクリックして「原文を表示」を選択します。

電子メールを活用する（メール）

macOS Sonomaの「メール」には、電子メールをやり取りするだけでなく、蓄積したメールを整理して活用するための、さまざまな機能が用意されています。

▶**Section 8-1**　メール / アカウント / 「アカウント」パネル

アカウントを設定する

「メール」で電子メールをやり取りするには、初回起動時にアカウント（メールアドレスや送受信サーバ）の設定が必要です。プロバイダから指定されたメールアドレスやメールパスワードなどの情報を用意してから、設定を始めてください。

01 設定資料を確認

契約しているプロバイダからの資料などを確認して、以下の情報を用意します。

- 電子メールアドレス：「XXX@zzz.ne.jp」のような形式です。
- メールユーザ名：通常は、電子メールアドレスの@の左側（上記：XXXX）の部分です。
- パスワード：メール用のパスワードです。
  　　　　　　インターネット接続用のパスワードとは異なる場合がありますので、ご注意ください。
- 受信用メールサーバ：「pop.zzz.ne.jp」のように表記されます。
- 送信用メールサーバ：「mail.zzz.ne.jp」のように表記されます。

02 Dockの「メール」をクリック

Dockにある「メール」をクリックすると、メールが起動します。最初の起動時には、「メールアカウントのプロバイダを選択」ダイアログボックスが表示されます。
ここでは、一般のプロバイダのアカウントを例として説明します。

03 アカウントの種類を選択

「その他のメールアカウント」を選択してから、「続ける」ボタンをクリックします。

> **→ POINT**
> iCloudメールやGoogle（Gmail）は、使用するアカウントの種類を選択し、「名前」「アカウントのID」「アカウントのパスワード」を入力するだけで使用できます。

04 アカウント情報を入力

アカウント情報を入力してから、「サインイン」ボタンをクリックします。

プロバイダから指定されたメールアドレスを入力します

プロバイダから指定されたメールパスワードを入力します

メール送信時に使用する自分の名前を入力します。日本語以外を使用する相手にメールを送信する機会がある場合は、ローマ字表記で入力することをおすすめします

05 プライバシー保護を設定

企業などからのメールには、含まれているコンテンツを表示した際に、メール操作などの情報を企業に送信する仕組みになっていることがあります。
これらのプライバシーを保護するかを設定します。通常は「"メール"でのアクティビティを保護」を選択して「続ける」をクリックします。

アカウントの設定が終わったらテストメールを送信して（207ページ参照）、正しく設定できているか確認しましょう。

テストメールを送る相手がいない場合や、送受信のテストをする場合は、自分宛にメールを出してみるとよいでしょう。

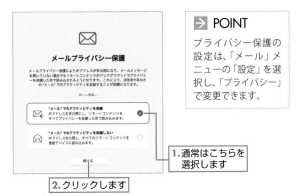

1. 通常はこちらを選択します

2. クリックします

> **POINT**
>
> プライバシー保護の設定は、「メール」メニューの「設定」を選択し、「プライバシー」で変更できます。

> **POINT**
>
> 「このアカウントで使用するアプリケーションを選択してください」の画面が表示されたら、「メール」をチェックして「完了」をクリックしてください。

> **POINT**
>
> 新しいアカウントを追加する場合は、「メール」メニューから「アカウントを追加」を選択して、同様の手順で設定します。

Column

メールサーバ情報の入力

この画面が表示された場合は、プロバイダから指示された情報に従って、ユーザ名、アカウントの種類、受信用メールサーバ、送信用メールサーバの情報を入力します。入力したら、「サインイン」ボタンをクリックします。

1. プロバイダから指示された情報に従って入力します

2. クリックします

Column

インターネットアカウント

メールアカウントを追加すると、「システム設定」の「インターネットアカウント」ウインドウに「メール」として追加されます。このアカウントは、「メール」の「設定」ウインドウと連動しています。

Column

アカウントの設定を編集する

「メール」メニューから「設定」（⌘＋,）を選択して、「アカウント」パネルを表示します。編集したいアカウントを選択してから、設定内容を編集してください。

1. クリックします

2. 選択します

メールを受信する

インターネットに常時接続している状態では、「メール」は新しいメールを5分おきに自動受信します（初期設定）。外出先などでインターネットにその都度接続しているような場合は、インターネット接続中に手動で受信します。

01 ⊠をクリック

メッセージビューアの⊠をクリックすると、新しいメールを受信します。
受信したメールは「受信」メールボックスに保存され、中央にリスト表示されます。

🏁 ShortCut

新規メールをすべて受信　shift + ⌘ + N

02 メールの内容を確認

メールリストからメールをクリックして選択すると、右側にメールの内容が表示されます。

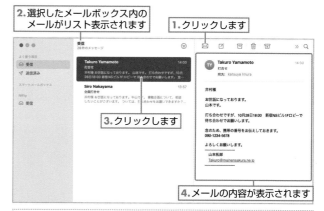

2.選択したメールボックス内のメールがリスト表示されます

1.クリックします

3.クリックします

4.メールの内容が表示されます

➡ POINT

メールリストのメールをダブルクリックすると、独立したウインドウで表示できます。複数のメールを見比べるときなどに便利です。

⏻ Column

メールにファイルが添付されている場合は

メール本文の最後にアイコンが表示されます。画像データやPDFファイルの場合は、内容がそのまま表示されることもあります。

- 添付されているファイルは、アイコンをデスクトップやフォルダにドラッグして保存できます。
- control キーを押しながらクリック（右クリックでも可）してショートカットメニューから「添付ファイルをクイックルック」を選択すると、ファイルの内容を確認できます。
また、「添付ファイルを保存」を選択すると、ファイル名と保存場所を指定して保存できます。

ファイルの場合は添付アイコンが表示されます

画像はメール本文中に表示されます

▶Section 8-3

「メール」メニュー ▶「設定」▶「迷惑メール」パネル

迷惑メール対策をする

「メール」は迷惑メールと疑われるようなメールを自動で分別する、迷惑メールフィルタを搭載しています。迷惑メールかそうでないのかを「メール」に学習させることで、迷惑メール分別の精度を向上させられます。

迷惑メールフィルタを設定する

01 「迷惑メール」パネルを表示

「メール」メニューから「設定」（ ⌘ + , ）を選択し、「設定」ダイアログボックスの「迷惑メール」パネルの「迷惑メールの動作」を表示します。

02 設定を変更

迷惑メールフィルタを使用するには、「迷惑メールフィルタを有効にする」をチェックします。必要に応じて、設定を変更します。

迷惑メール受信時の動作を選択します

チェック項目に該当するメールは迷惑メールと判断しません

迷惑メール分別時に迷惑メールヘッダを信頼する場合は、チェックを付けます

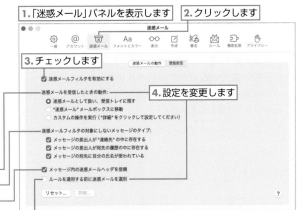

1.「迷惑メール」パネルを表示します　2.クリックします
3.チェックします　4.設定を変更します

ルール適用前に迷惑メール分別する場合は、チェックを付けます（迷惑メール分別の精度が低い場合は、ルールで振り分ける必要なメールが迷惑メールとして扱われてしまう場合があるため、あまりおすすめしません）

▷ 迷惑メールを受信した場合は

「メール」が迷惑メールと判断しても、迷惑メールではない場合があります。逆に、迷惑メールであるにも関わらず、普通のメールと判断されてしまうこともあります。

「迷惑メール」と思ったメールは、🗑 をクリックして、「迷惑メール」メールボックスに移動してください。

また、メールが迷惑メールではない場合は「迷惑メールではない」をクリックしてください。

迷惑メールを開いた状態　メールボックス内での迷惑メール

迷惑メールの場合はクリックします

→ POINT

「迷惑メール」ボックスは、「よく使う項目」の⊕をクリックし、「追加するメールボックス」で「迷惑メール」を選択すると表示できます。

205

受信拒否の設定

指定したメールアドレスからのメールを受信拒否できます。

01 メールアドレスを受信拒否

受信したメールの差出人のメールアドレスの右に表示された■をクリックして、「連絡先を受信拒否」を選択します。

02 受信拒否アドレスに設定される

受信拒否アドレスに設定されたメールは、リストの差出人の右に◎が表示されます。また、メール画面には受信拒否した差出人からのメールであると表示されます。

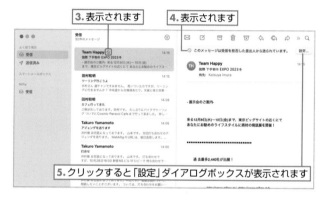

> 設定

「設定」ダイアログボックスの「迷惑メール」パネルの「受信拒否」では、受信拒否フィルタの設定や、拒否したメールアドレスを管理できます。

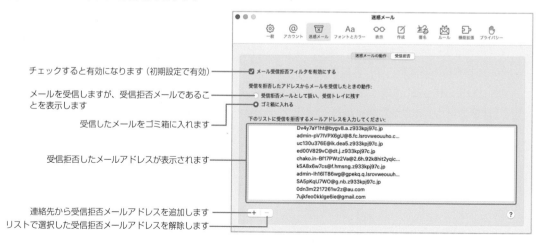

▶**Section 8-4**   メール / 新規メッセージウインドウ / 「送信済み」メールボックス / Mail Drop / 返信 / 全員に返信 / 転送

メールを作成して送信する

「メール」を使って、メッセージを送信してみましょう。新規メールの送信や受信メールに対する返信／転送だけでなく、ファイルの添付や同報メール（Cc/Bcc）も使いこなしてみましょう。

新規メッセージを作成して送信する

01　☑をクリック

メッセージビューアの☑をクリックすると、新規メッセージウインドウが表示されます。

📙 ShortCut

| 新規メッセージ | ⌘ + N |

02　送信先を指定

「宛先」フィールドに送信先のメールアドレスを入力します。
複数のメールアドレスを「,」（カンマ）で区切って入力することもできます。
また、フィールド右端の⊕をクリックすると、連絡先から送信相手のメールアドレスを指定できます。

03　タイトルと本文を入力

「件名」フィールドにメールのタイトルを入力し、その下にメールの内容を入力します。

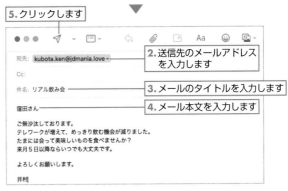

04　◁をクリック

◁をクリックすると、メールが送信されます。
送信したメールは、「送信済み」メールボックスに保存されます。

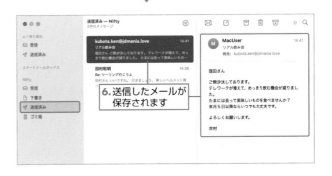

▶送信時刻を指定して送信

✈の横の∨をクリックすると、メールの送信時刻を指定できます。

送信予約したメールは「あとで送信」メールボックスに保存されます。

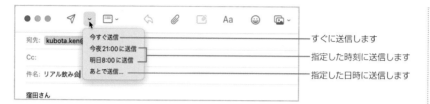

→ POINT

あとで送信を指定した場合、スリープ状態でも送信されます。ただしMacからログアウトすると送信されません。

ファイルを添付する

メールに画像や書類などのファイルなどを添付して送信することもできます。

添付したいファイルを本文部分にドラッグ＆ドロップするか、📎をクリックして添付したいファイルを指定します。

🖼∨をクリックして表示される写真ブラウザを使用すると、「写真」や「Photo Booth」から添付する写真を選ぶ際に便利です。

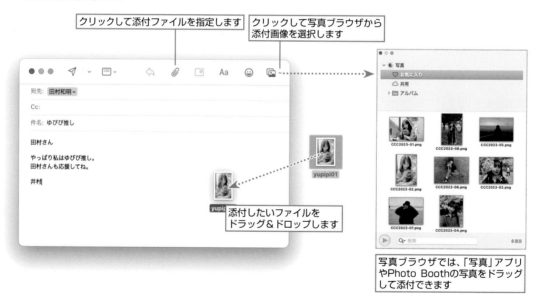

クリックして添付ファイルを指定します

クリックして写真ブラウザから添付画像を選択します

添付したいファイルをドラッグ＆ドロップします

写真ブラウザでは、「写真」アプリやPhoto Boothの写真をドラッグして添付できます

⏻ **Column**

ファイルを添付するときのポイント

- 添付ファイルを相手が開けるかどうか、事前に確認するようにしましょう。特定のアプリケーション以外では開けないファイル（ファイル形式）は避けるようにしましょう。
- 添付ファイルのファイル名は、できるだけ英数字を使いましょう。和文は、相手の環境によって文字化けが発生する場合があります。
- 相手の受信環境（通信方法や画面の大きさ）を考えて、極端に大きなファイルを添付しないようにしましょう。

送信の取り消し

メールを送信した直後であれば、送信を取り消すことができます。

サイドバーの最下部に「送信を取り消す」と表示されるのでクリックしてください。

クリックすると送信を取り消せます

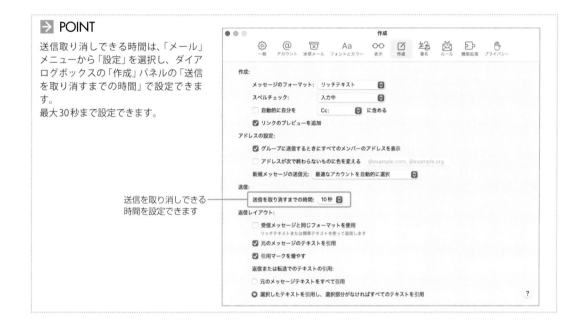

→ **POINT**

送信取り消しできる時間は、「メール」メニューから「設定」を選択し、ダイアログボックスの「作成」パネルの「送信を取り消すまでの時間」で設定できます。

最大30秒まで設定できます。

送信を取り消しできる
時間を設定できます

絵文字を挿入する

　絵文字を挿入する箇所にカーソルを移動して、☺をクリックします。

　絵文字の選択ポップアップウインドウが表示されるので、入力する絵文字をクリックします。

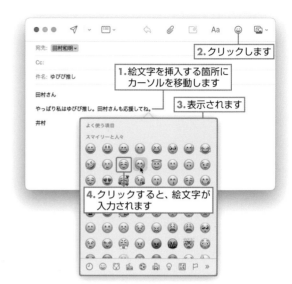

⏻ Column

「Cc」「Bcc」「返信先」とは？

Cc：　宛先以外の人にメールを同報する際に、メールアドレスを入力します。一般的には「宛先」フィールドには直接の連絡先を指定して、「Cc」フィールドには一応知らせておく連絡先を指定する、というように使われます。

Bcc：　Ccと同様に宛先以外の人にメールを同報する際に、メールアドレスを入力します。「Cc」とは異なり、メールを受信した相手から「Bcc」で誰にメールを同報したのかは見えません。

返信先：送信したメールアドレス以外のメールアドレスに返信して欲しい場合に使用します。「返信先」を指定しておくと、送信したメールに相手が返信しようとすると、送信元のメールアドレスではなく「返信先」で指定したメールアドレスにメールが返信されます。

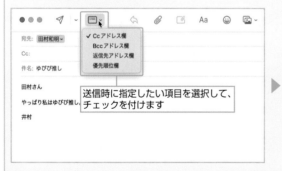

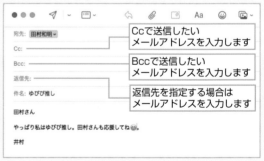

---

iCloudを使ってサイズの大きな添付ファイルを送る（Mail Drop）

　プロバイダによっては、添付ファイルの最大サイズが決められており、あまり大きな添付ファイルは送信できません。

　macOS Sonomaのメールは、iCloudにサインインしてiCloud Driveがオンになっていれば、プロバイダの制限に関係なくサイズの大きな添付ファイル（最大5GBまで）も送信できます。添付ファイルはiCloudに保管され、添付ファイルをダウンロードするためのリンクがメール本文に付加されて送信されます。

01 添付ファイルのあるメールを送信する

新規メールを作成して、ファイルを添付して送信します。

2.クリックします

1.サイズの大きなファイルを添付します

02 「Mail Dropを使用」をクリック

Mail Dropの使用を確認するポップアップ画面が表示されるので、「Mail Dropを使用」ボタンをクリックします。

クリックします

> **➡ POINT**
>
> このあとに「メッセージを送信できない」旨のポップアップが表示された場合、「iCloud」を選択して「選択したサーバで送信」をクリックしてください。

受信したメールに返信する

受信したメールの送信元に返信します。元のメールの内容を引用することもできます。

メールを他のユーザに転送することもできます。

01 返信するメールを選択

メッセージビューアで返信したいメールを選びます。

02 「返信」または「全員に返信」を選択

⤺（返信）または⤺（全員に返信）をクリックして選択します。

2.どちらかをクリックします

1.返信したいメールを選択します

> **➡ POINT**
>
> 「返信」は送信者にのみ返信され、「全員に返信」は自分以外の宛先に指定されていた全ユーザに返信されます。

返信	⌘+R
全員に返信	shift+⌘+R

03 メールを作成

返信の内容を作成します。
返信先のメールアドレスが自動で入力され、件名に
「Re（: 元の件名）」が付いた返信用のメールウインド
ウが表示されます。メール本文には元のメールの内
容が引用表示されています。

04 ◁ をクリック

本文の内容を確認して、問題がなければ◁をクリッ
クすると、メールが送信されます。
送信したメールは、「送信済み」メールボックスに保
存されます。

受信したメールを転送する

受信したメールを他のメールアドレスに転送できます。
メッセージビューアで転送したいメールを選択して、⤷をクリックし
ます。
新しいメールウインドウが表示されるので、送り先を指定し、返信と
同様にメールを作成して送信してください。

転送する場合にクリックします

Ⓞ Column

リダイレクト

通常の転送ではなく、受信したメールの内容をそのまま転送（リダイレクト）することもできます。通常の転送の場合、転送された
メールを受け取った人から見て、差出人は「転送した人」になりますが、リダイレクトの場合は差出人が「元のメールを送信した人」
になります。リダイレクトはメッセージビューアでメールを選択し、「メッセージ」メニューから「リダイレクト」を選択します。

▶ **Section 8-5** 　「メール」メニュー ▶「設定」▶「ルール」パネル／「スマートメールボックス」／ VIP ／フラグ

メールを整理する／管理する

用途や目的別にメールボックスやスマートメールボックスを作成して分別したり、重要な人からのメールや重要なメールを目立つように設定を変更したりして、管理しやすいメールボックスにしておきましょう。

メールを削除する

　メールを削除するには、メッセージビューアで削除したいメールを選択してから delete キーを押すか、削除したいメールを開いてから delete キーを押します。

　 delete キーを押す代わりに、「削除」ボタン 🗑 をクリックして削除することもできます。

削除したいメールを選択してからクリックします

削除したいメールを選択してから delete キーを押します

▶ POINT

削除したメールはいったん「ゴミ箱」に移動し、そのまま残ります。「ゴミ箱」内のメールを完全に削除するには、「メールボックス」メニューから「削除済み項目を消去」−「(対象アカウント)」を選択します。

スマートメールボックスを作成してメールを整理する

　受信メールボックスにすべてのメールを保存していると、あとから特定のメールを探すときに時間がかかってしまいます。用途や目的に合わせてスマートメールボックスを作成して、メールを整理しておくと便利です。

01 スマートメールボックスを作成

メッセージビューアの「スマートメールボックス」にマウスカーソルを乗せ、表示された ⊕ をクリックします。

クリックします

▶ POINT

メールを選択して 🗄 をクリックすると、サイドバーにメールアカウントごとのアーカイブメールボックスが追加され、メールが移動します。

⏻ Column

スマートメールボックス

スマートメールボックスは、受信メールボックスに保存されたメールの条件に合致したメールだけを表示するボックスです。メール自体は、受信メールボックスに入ったままとなります。

02 名前と条件を指定

作成するスマートメールボックスの名前と表示する
メールの条件を指定してから、「OK」ボタンをクリッ
クします。

03 メールを確認

作成したスマートメールボックスをクリックし、条
件に合致したメールが表示されることを確認します。

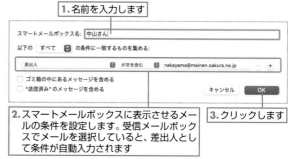

1.名前を入力します

2.スマートメールボックスに表示させるメー
ルの条件を設定します。受信メールボック
スでメールを選択していると、差出人とし
て条件が自動入力されます

3.クリックします

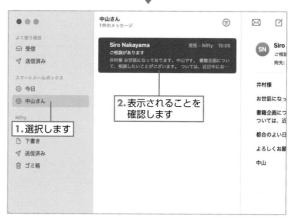

1.選択します

2.表示されることを
確認します

⏻ Column

通常のメールボックスを作成する

スマートメールボックスではなく、通常のメールボック
スも作成できます。
「メールボックス」メニューから「新規メールボックス」
を選択し、「新規メールボックス」ダイアログボックス
で、場所と名称を設定してください。
メールボックスは、受信メールボックスからメールをドラッ
グして移動し
たり、ルール
を使って振り
分けたりして
利用します。

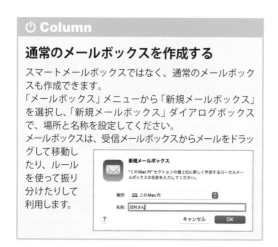

条件を指定してメールを自動分別する（ルール）

　任意の条件（ルール）を指定して、メールをメールボックスに自動分別できます。取引先のドメインから
のメールだけを「仕事」メールボックスに自動分別したり、学校の同窓生のやり取りに使用しているメーリ
ングリストからのメールだけを「学校」メールボックスに自動分別したりするなど、自分の使い方に合わせ
て活用しましょう。

　メールの受信時に自動分別するだけでなく、作成したルールをあとから手動で適用することもできます。

01 設定を表示

「メール」メニューから「設定」を選択します。

設定　⌘＋,

1.選択します

2.クリックします 　3.クリックします

02 「ルール」パネルでルールを追加

「ルール」パネルを表示して、「ルールを追加」ボタン
をクリックします。

03　ルールを編集

ルールの内容を決めてから、「OK」ボタンをクリックします。

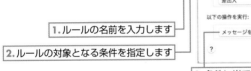

1. ルールの名前を入力します
2. ルールの対象となる条件を指定します
3. 条件に当てはまった場合の動作を指定します
4. クリックします

大切な人からのメールがすぐにわかるようにする（VIP）

大量のメールを毎日受信していると、大切な人からのメールを見過ごしてしまうことがあります。大切な人を「VIP」として登録しておくと、メール受信時に「VIP」スマートメールボックスに振り分けられるので、メールの見落としを防げます。「VIP」に登録するには、差出人欄の左側にある☆をクリックします。

クリックします

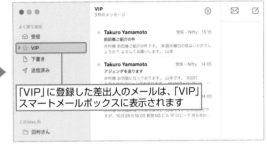

「VIP」に登録した差出人のメールは、「VIP」スマートメールボックスに表示されます

フラグを付けてメールを分類する

メールボックスを作成して分別するだけでなく、用途ごとに7色のフラグを付けてメールを管理できます。例えば「未処理」は赤、「絶対に削除してはいけないメール」は紫など、自分なりに活用してみましょう。

メッセージビューアでフラグを付けたいメールを control キーを押しながらクリック（右クリックでも可）してから「フラグを付ける」で好みのフラグを付けるか、フラグを付けたいメールを開いてから■ ✓をクリックして好みのフラグを付けます。

2. クリックします
1. フラグを付けたいメールを開きます
3. フラグを選択します
4. 選択したフラグごとにメールが分類されます

フラグを付けたメールは、メッセージビューア左側の「フラグ付き」メールボックスに表示されます

> **→ POINT**
>
> 「VIP」や「フラグ付き」メールボックスは、それぞれのメールを集めて表示しているだけで、実際にメールが保存されているのは、受信メールボックスになります。

▶Section 8-6　　「メール」メニュー ▶「設定」▶「署名」パネル

メールに自分の署名を付ける

自分の名前やメールアドレス、連絡先など、メールにいつも記載する定型文を「署名」として登録できます。登録した「署名」は新規メール作成時や返信時に自動で挿入されるので、入力する手間が省けます。

01 設定を表示

「メール」メニューから「設定」を選択します。

ShortCut

設定　⌘＋，

選択します

02 「署名」パネルを表示

「署名」パネルを表示して、署名を入力します。

1.クリックします

2.署名を入れるアカウントを選択します

3.署名を追加するときにクリックします

4.ダブルクリックして、署名の名称を変更します

5.入力します

自動挿入される署名を指定します

署名の挿入位置を選択します

⏻ **Column**

署名を追加する

＋ボタンをクリックして署名の名前を入力すると、署名を追加できます。

⏻ **Column**

メールアカウントごとに自動挿入される署名を指定する

メールアカウントを選択してから、「署名を選択」リストで自動挿入する署名を選択します。

⏻ **Column**

署名の挿入位置を変更する

初期設定時は、署名はメールの最後（返信の場合は引用文の後ろ）に挿入されます。「引用文の上に署名を入れる」にチェックを付けると、返信時は引用文の前に署名が挿入されます。

Chapter

9

写真を管理する

··

macOS Sonomaの「写真」には、iPhoneやデジタルカメラの写真を読み込んで表示するだけでなく、蓄積した写真を楽しむための、さまざまな機能が用意されています。

写真 / すべての新しい項目を読み込む / インターフェイス

写真の読み込みと「写真」のインターフェイス

iPhone/iPadやデジタルカメラをMacに接続すれば自動的に「写真」が起動し、かんたんに写真を読み込めます。読み込まれた写真や動画は、撮影日ごとに分類され、表示できます。また、撮影場所が記録されている写真からは、地図情報も表示できます。

「写真」を起動する

Dockにある「写真」をクリックすると起動します。

クリックします

写真を読み込む

「写真」に写真を読み込みます。iPhoneやiPadからでも読み込めます。

01 デジタルカメラを接続

デジタルカメラをMacに接続してから、デジタルカメラの電源を入れます。
接続許可のポップアップが表示されたら、「許可」をクリックしてください。

接続したカメラが表示されます

チェックすると、このカメラの接続時に自動で「写真」アプリが起動します

02 「すべての新しい項目を読み込む」をクリック

「すべての新しい項目を読み込む」ボタンをクリックします。カメラ内のすべての写真が読み込まれます。「項目を削除」をチェックすると、読み込んだあとにデジタルカメラから写真が削除されます。

チェックすると、読み込んだ後にデジタルカメラから写真が削除されます

クリックします

⏻ Column

Mac内の写真や動画を読み込む

「ファイル」メニューから「読み込む」を選択して読み込みます。または、写真や動画を「写真」アプリのウインドウにドラッグ＆ドロップしてもかまいません。

➡ POINT

写真だけでなく、ムービーも読み込んで写真と同様に管理できます。

⏻ Column

特定の写真だけを読み込む

読み込みたい写真だけをクリックして選択状態にしてから「選択項目を読み込む」ボタンをクリックすると、選択した写真だけを読み込めます。

1.読み込みたい写真だけを選択します　**2.クリックします**

「写真」のインターフェイス

読み込んだ写真は、サイドバーの「写真」の「ライブラリ」を選択するとすべて表示できます。

ライブラリでは、画面上部の「年別」「月別」「日別」「すべての写真」から表示方法を選択できます。

サムネールのサイズを変更できます

表示方法を選択します

情報ウインドウを表示します

サムネールが隙間なく表示されます

撮影日順にすべての写真が表示されます

➡ POINT

右上の「フィルタ」をクリックすると、写真を絞り込んで表示できます。

1.クリックします

2.絞り込んで表示する項目を選択します

⏻ Column

お気に入りの設定

写真を選択してサムネールの♡をクリックするか、.（ピリオド）キーを押すと、お気に入りに設定できます。

特定の写真を表示する

「日別」や「すべての写真」画面で、特定の写真のサムネールをダブルクリックすると、その写真だけを表示できます。

2本指で左右にスワイプするか、キーボードの←→キーを押すと、他の写真を表示できます。

特定の写真を表示

⏻ Column

重複項目の結合

同じ写真がライブラリにある場合、サイドバーに「重複項目」が表示されます。
クリックすると同じ写真が表示されるので、比較して結合してよい場合は「N個の項目を結合」をクリックしてください。

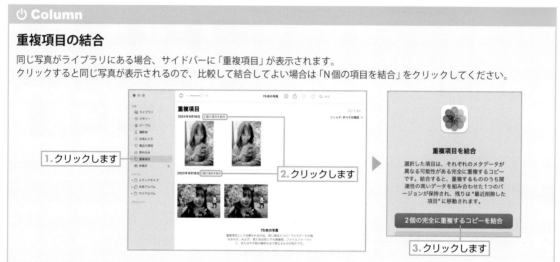

撮影場所の表示

サイドバーの「撮影地」を選択すると、地図が表示され、写真の撮影位置にサムネールが表示されます。
サムネールをクリックすると、その場所の写真が表示されます。

→ POINT

撮影地に表示される写真は、位置情報が付いている写真だけに限定されます。

⏻ Column

撮影した位置情報を削除する

写真の撮影位置情報を削除するには、写真を選択して「イメージ」メニューの「位置情報」から「位置情報を削除」を選択します。

メモリーを表示する

　保管された写真が増えると、自動で場所、撮影日時、写っている人の情報に基づいてメモリーが作成されます。メモリーは、スライドショーで再生されます。

顔検出で人物別に写真を管理する

　撮影した人物の顔を認識して「ピープル」という単位で管理できます。写真に写っている人の名前を登録しておき、あとから写真を検索できます。顔の特徴を認識して他の写真でも登録をおすすめしてくれるので、手間いらずで登録できます。

01 ピープルを表示

サイドバーの「ピープル」をクリックします。顔認識された写真が人ごとに表示されるので、サムネールにカーソルを重ねます。「⊕名前」と表示されるのでクリックします。

02 人の名前を入力

名前を入力します。

03 写真を表示

登録された人の名前をダブルクリックすると、
同じ人の写真だけが表示されます。

⏻ Column

認識されなかった人の追加

「表示」メニューの「人の名前を表示」がオンになっていると、人が認識されると「名称未設定」と表示されるので、クリックして名前を入力してください。

犬や猫も認識される

人以外に犬や猫も認識され、人物と同様に名前を付けて管理できます。

⏻ Column

アルバムを作成する

好みの写真だけを集めたアルバムを作成できます。

▶ **Section 9-2** 写真 / 調整 / フィルタ / 切り取り

写真を編集する／補正する

 写真の向きや傾きの調整や切り抜き（トリミング）、赤目の修正といったかんたんな補正を行えます。また、写真にエフェクトを加えたり、露出やコントラスト、シャープネスなどを調整することもできます。

編集画面に入る

写真を表示して、右上の 編集 ボタンをクリックすると編集画面に入り、手軽に画像補正やトリミング等を行えます。完了 ボタンをクリックすると、編集が終了します。

調整

写真の画質を細かく調整します。右側に表示された調整項目のサムネールをクリックしてください。

レタッチから下の項目は、項目名の左側にある ▶ をクリックすると設定欄が表示されるので、画面を見ながら調整してください。

画面上部の ■□ をクリックすると、調整前と調整後の画像を比較表示できます。

次ページ参照

1. ドラッグして調整します

2. 調整を適用するとチェック表示されます。クリックすると調整をリセットできます

3. クリックして自動調整できます

→ **POINT**

写真の撮影条件や画像編集におけるそれぞれの設定値の役割がよくわからない場合は、触れないようにしましょう。

クリックすると調整前の画像を表示します　　　　　　　　　フィルタを適用して画像の見た目を変更します

調整、フィルタ、切り取りを
すべてやめて元の画像に戻します　　表示倍率を変更します　　画面右側の各種項目で画像を調整します　　画像を切り抜いたり
角度を補正します

⏻ **Column**

いつでも元の写真に戻せます

「編集」で変更した内容は、「完了」ボタンをクリックすると保存されます。
ただし、保存されているのは「元の写真にどのような変更を加えたか」という情報だけなので、いつでも元の写真に戻せます。
元に戻したい写真を開いて、編集画面の「オリジナルに戻す」ボタンをクリックしてから、「完了」ボタンをクリックしてください。

● **Live Photos の編集**

　「調整」パネルでは、Live Photosの編集も可能です。また、画面下部に表示されたタイムフレームからキー写真を設定したり、ループ表示などの表示方法の設定も可能です。

⏻ **Column**

アニメーションGIFで書き出す

「ループ」または「バウンス」に設定したLive Photos は、「ファイル」メニューの「書き出す」から「GIF」を選択して、アニメーションGIFとして書き出せます。

撮影されたすべてのフレームが表示されます。
選択したフレームをキー写真に設定できます。
両端をドラッグして、再生範囲を編集することもできます

Live — 通常のLive Photosで再生します
ループ — 繰り返し再生します
バウンス — 再生と逆再生を繰り返します
長時間露光 — 全体を重ね合わせて、長時間露光した写真のようにします
オフ — Live Photosをオフにして静止画像にします

音声のオン／オフを設定します

フィルタ

　写真の右側にフィルタの一覧が表示されるので、クリックして適用します。適用をキャンセルするには、「オリジナルに戻す」をクリックします。

クリックしてフィルタ
を適用します

ドラッグして適用レベル
を設定できます

切り取り

　写真を切り抜きます。写真上の切り抜きたい範囲をドラッグします。また、角度の補正も同時に行えます。

ドラッグして傾きを調整します

ドラッグして縦方向の台形補正
をします

ドラッグして横方向の台形補正
をします

画像を反転します

切り抜くサイズの縦横の
比率を選択できます

縦長／横長を選択します

自動でトリミングします

元の状態に戻します

ドラッグして切り抜く範囲を指定します

225

▶ **Section 9-3**　Apple ID / iCloud / iPhone / iPad

他のMacやiPhone/iPadと同期する

同じApple IDでiCloudにサインインしている他のMacやiPhone/iPadで写真を同期することができます。

iCloudにサインインしている他のMacやiPhone/iPadで写真を同期するには、「写真」アプリの「設定」にある「iCloud」パネル、または「システム設定」の「iCloud」ウインドウにある「写真」のオプションで設定します。

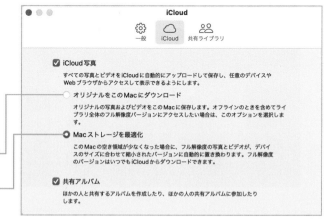

オリジナルの画像をMacに保存します

オリジナルの画像はiCloudに保存され、Macにはサイズの小さい画像が保存されます

iCloud写真は、iCloudストレージやiCloud.comの写真で閲覧できるなど、使い勝手がよいのですが、ストレージの容量が増えると課金されます（5GBまでは無料ですが、他のアプリやファイルと合わせた容量となります）。

⏻ **Column**

「iCloud共有写真ライブラリ」を使う

「iCloud写真」を利用していると、「iCloud共有写真ライブラリ」が利用できます。
「iCloud共有写真ライブラリ」は、自分以外に他の5人のユーザと写真やビデオを共有できる機能です。共有ライブラリの作成者のiCloudストレージが使われます。他の共有者は、共有ライブラリのコンテンツに自由にアクセスできますが、自分のiCloud ストレージを使うことはありません。
「iCloud共有写真ライブラリ」を使うには、「写真」アプリの「設定」にある「共有ライブラリ」パネルで「始めよう」をクリックします。画面に従って、ライブラリを共有するユーザや、ライブラリに保存する写真や動画を設定してください。

iCloud共有写真ライブラリを使うにはクリックします

Chapter
10

アプリ操作の基本

....

macOS Sonomaには、さまざまなアプリが付属しています。ここでは、アプリに共通する基本操作やアプリを追加で入手する方法について説明します。

▶ Section 10-1　　「サイドバー」▶「アプリケーション」/ Launchpad / 保存

アプリ操作の基本（起動/終了/切り替え/保存）

アプリの起動や終了、切り替え、ファイルの保存など、macOS Sonomaでアプリを操作するための基本を学びましょう。

アプリを起動する

● Finderの「アプリケーション」フォルダから起動する

Finderウィンドウのサイドバーの「アプリケーション」をクリックして、起動したいアプリのアイコンをダブルクリックします。

● Dockから起動する

起動したいアプリのアイコンがDockに配置されている場合は、Dockのアイコンをクリックします。

●「最近使った項目」から起動する

最近使ったアプリの場合は、アップルメニューの「最近使った項目」のサブメニューから、起動したいアプリを選択します。

ShortCut

「アプリケーション」フォルダを開く　shift + ⌘ + A

⏻ Column

Apple Silicon MacでIntel前提のアプリを使う

Apple Silicon Macでは、Intel製チップを前提としたアプリを使うのに「Rosetta」というアプリケーションが必要となります。アプリ起動時に図のようなダイアログボックスが表示されたら、「インストール」ボタンをクリックしてRosettaをインストールしてください。

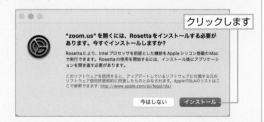

Column

ログイン時に自動的にアプリを起動する

「システム設定」の「一般」を選択し、「ログイン項目」を選択します。「ログイン時に開く」の ＋ をクリックしてアプリを登録すると、登録したアプリがログイン時に起動します。

クリックしてアプリ
を登録します

アプリ一覧からすぐに起動する（Launchpad）

Launchpadを使用すると、「アプリケーション」フォルダに保存されているアプリを一覧表示して、アプリを起動できます。

2.クリックします

01 Dock の「Launchpad」をクリック

Dockの「Launchpad」をクリックします。

02 起動したいアプリのアイコンを
クリック

起動したいアプリのアイコンをクリックします。

アプリの表示が1画面に収まりきらない場合は、⎵ ⌘ ＋←キー、または⎵ ⌘ ＋→キーで画面を移動できます。

1.クリックします

アプリを終了する

起動しているアプリの「アプリ」メニューから「[アプリ名] を終了」を選択します。

アプリの終了　⎵⌘＋Q

クリックします

⏻ Column

保存していない状態の書類がある場合は

Pages、Numbers、テキストエディットなど書類を作成するアプリでは、書類が未保存の状態で終了すると、ファイルを保存するかどうか確認するダイアログボックスが表示されます。
保存する場合は、名前を付けて「保存」ボタンをクリックして書類を保存してください（231ページを参照）。

クリックします

ただし、「システム設定」の「デスクトップとDock」を選択し、「ウィンドウ」で「アプリケーションを終了するときにウィンドウを閉じる」をオフにした場合は、確認のダイアログボックスは表示されません（初期設定はオン）。
終了時に開いていた書類のウィンドウは、次回のアプリ起動時に、「—編集済み」の状態で再表示されます。

オフにした場合、確認のダイアログボックスは表示されません

⏻ Column

アプリが反応しない／正常に終了できない場合は（強制終了）

パソコンに重い負荷がかかるような作業などをしている場合に、アプリが反応しなくなることがあります。
アプリが操作不能になった場合は、アップルメニューから「強制終了」を選択します。

「アプリケーションの強制終了」ダイアログボックスで強制終了させるアプリを選択して、「強制終了」ボタンをクリックします。確認ダイアログ表示されたら、「強制終了」ボタンをクリックします。

強制終了時に保存していないファイルの内容は復帰できないので、作業の切りのよいタイミングで保存する習慣をつけるようにしましょう。

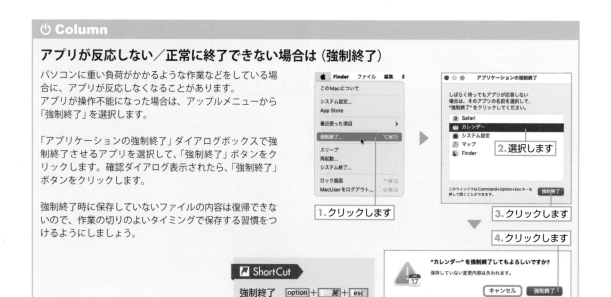

1.クリックします

2.選択します

3.クリックします

4.クリックします

"カレンダー"を強制終了してもよろしいですか？
保存していない変更内容は失われます。
キャンセル　強制終了

▶ ShortCut

強制終了　option + ⌘ + esc

書類を保存する

　作成・編集した書類は、わかりやすいファイル名を付けてフォルダに保存する習慣をつけましょう。時間をかけて大切な書類を作成している間に、システムやアプリのエラー、電源のトラブルでデータが消えてしまうことが、ごくまれにあります。作業の切りのよいタイミングで保存する習慣をつけるようにしましょう。

01 「保存」を選択

「ファイル」メニューから「保存」を選択します。ここでは、テキストエディットを例に説明しています。

ShortCut

保存　⌘＋S

02 ファイル名を入力

保存ダイアログボックスが表示されます。
ファイルの名前を入力します。
あとからファイルの内容を思い出せるように、できるだけわかりやすいファイル名を付けるようにしましょう。

1. 保存ダイアログボックスが表示されます
2. 入力します
3. 選択します
クリックすると、リストに表示されない保存場所を選択できます
4. クリックします

03 保存場所を選択

ファイルの保存場所を選択します。

> **→ POINT**
> 保存ダイアログボックスに表示される設定項目は、使用しているアプリケーションによって異なります。

04 「保存」をクリック

「保存」ボタンをクリックします。
保存先に指定したフォルダを開いてみると、さきほど保存したファイルがあるのがわかります。

⏻ Column

ファイル名が付いている場合は

すでにファイル名を付けて保存してあるファイルに変更を加えた場合は、「ファイル」メニューから「保存」を選択すると、同じファイルに上書き保存されます。

選択した場所にファイルが保存されます

⏻ Column

別のファイル名を付けて保存する場合は

Macの標準アプリでは、すでにファイル名を付けて保存してあるファイルとは別の名前を付けて保存したい場合は、「ファイル」メニューを option キーを押しながら表示して「別名で保存」を選択し、保存場所とファイル名を選択してから「保存」ボタンをクリックします。

> **→ POINT**
>
> 他のアプリでは、「ファイル」メニューに「別名で保存」がある場合もあります。

▶ ShortCut

別名で保存
option + shift + ⌘ + S

テキストエディットの例

1. option ＋クリックします

🍎　テキストエディット　ファイル　編集　フォーマット　表示　ウイ

新規	⌘ N
開く...	⌘ O
最近使った項目を開く	＞
すべてを閉じる	⌥⌘ W
保存	⌘ S
別名で保存...	⌥⇧⌘ S
名称変更...	
移動...	
バージョンを戻す	＞
iPhoneから挿入	＞
PDFとして書き出す...	
共有	＞

2. 選択します

「ファイル」メニューに「複製」があるアプリの場合は、複製されたファイルが表示されます。
タイトルバーのファイル名が「[オリジナルファイル] のコピー」という名前で表示され、新しいファイル名を直接入力できます。

1. 選択します

Macが不調なときの復旧手順のコピー

名前：Macが不調なときの復旧手順のコピー
タグ：
場所：📁 書類　　ロック

2. 新しいファイル名を直接入力できます

復旧の手順

1）復旧ディスクを使って起動する。
IntelMac　Command＋Rキー
Appleシリコン　電源ボタン長押し

2）FirstAid
ディスクユーティリティを起動し、First Aidを実行する。

3）TimeMachineからバックアップ
OSを戻すことは難しいので再インストールとなる

4）再インストール

5）ダメなら、インストーラーを使ってクリーンインストールする

▶ ShortCut

複製
shift + ⌘ + S

タイトルバーのファイル名をクリックするとファイル情報が表示されるアプリの場合は、アプリでファイルを開いたままの状態でファイル名を変更できます。

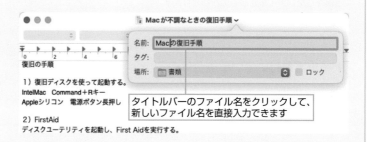

Macが不調なときの復旧手順

名前：Macの復旧手順
タグ：
場所：📁 書類　　ロック

タイトルバーのファイル名をクリックして、新しいファイル名を直接入力できます

復旧の手順

1）復旧ディスクを使って起動する。
IntelMac　Command＋Rキー
Appleシリコン　電源ボタン長押し

2）FirstAid
ディスクユーティリティを起動し、First Aidを実行する。

⏻ Column

ファイルを閉じた場合の動作

書類保存にファイルの内容を変更した状態で「ファイル」
メニューから「閉じる」を選択するか、ウインドウの「閉
じる」ボタンをクリックすると、初期設定では確認なしで
変更内容を保存してウインドウを閉じます。

変更内容を保存して閉じるかどうかを確認するダイアログ
ボックスを表示するには、「システム設定」の「デスクトッ
プとDock」を選択し、「ウインドウ」で「書類を閉じるとき
に変更内容を保持するかどうかを確認」をオンにしておき
ます。

ダイアログボックスを表示
する場合はオンにします

選択します

🖊 ShortCut

書類を閉じる

⌘ + W

次回起動時に作業環境を再現する

　Macを再起動する際、macOSはシステムを一時停止させて状態を記憶しているので、起動時に終了前
の状態を再現できます。起動していたすべてのアプリケーションとウインドウが前とまったく同じ場所に表
示されるので、「ソフトウェアアップデート」（306ページ参照）などで再起動した際にも、すぐに元の作業
に戻ることができます。

　「システム終了」ダイアログボックス（13ページ参照）や「ログアウト」ダイアログボックス（14ページ
参照）で「再ログイン時にウインドウを再度開く」にチェックを付けておくと、次回のMac起動時／ログイ
ン時に、前回使用したときの状態で表示されます。

「システム終了」ダイアログボックス

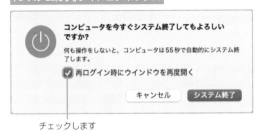

チェックします

「ログアウト」ダイアログボックス

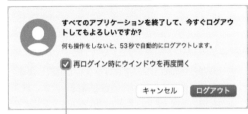

チェックします

▶ **Section 10-2**　Dock ▶「App Store」

アプリを追加する

Macにアプリを追加するには、App Storeでアプリを購入する方法とインターネットで配布されているアプリをダウンロードする方法があります。もちろん、これまで通りパッケージソフトを購入してインストールすることもできます。

アプリを購入する（App Store）

App Storeでアプリを購入できます。App Storeで購入したアプリは、バージョンアップの案内もApp Store経由で自動通知されます。ここでは、「PDFelement」（無料）を購入する例で説明します。

01 Dockの「App Store」をクリック

Dockの「App Store」をクリックします。

クリックします

02 アプリを検索

購入したいアプリを探します。ここでは例として、検索フィールドに「PDF」と入力して、PDF編集アプリを探します。

「PDF」と入力します

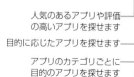

人気のあるアプリや評価の高いアプリを探せます

目的に応じたアプリを探せます

アプリのカテゴリごとに目的のアプリを探せます

アプリをアップデートします

03 アプリの詳細を選択

一覧から目的のアプリをクリックして選択します。詳細情報画面でアプリの内容を確認します。購入するには、金額（または入手）表示をクリックします。

クリックします

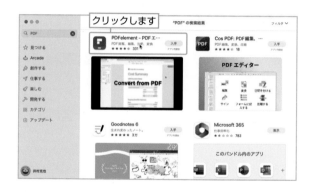

⏻ Column

Apple Silicon Mac で
iPhone/iPadアプリを使う

Apple Silicon Macでは、「App Store」の検索結果の下に「Macアプリ」と「iPhoneおよびiPadアプリ」が表示されます。「iPhoneおよびiPadアプリ」を選択すると、iPhone/iPadアプリをダウンロードできます。

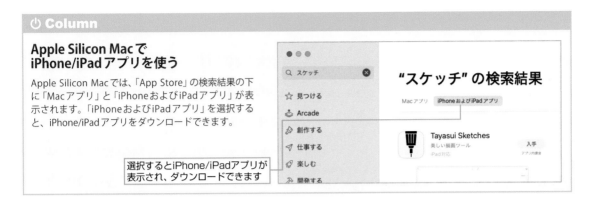

選択するとiPhone/iPadアプリが表示され、ダウンロードできます

⏻ Column

これまでに購入したアプリを確認する

App Storeにサインインした状態でサイドバーのサイン名をクリックすると、これまでに購入したアプリを確認できます。

1.クリックします

2.App Storeでこれまでに購入したアプリが表示されます

インターネットで配布されているアプリを使用する

　インターネットでは、有償・無償のさまざまなアプリが配布されています。また、購入前に試用できる試用版もあります。

　App Store以外でインターネット上で配布されているアプリを使用するには、Safariを使用してダウンロードしてからインストールする必要があります。

> ⇨ POINT
>
> インターネットで配布されているアプリには、ウイルスが含まれていたり、不正な動作をするものもあります。アプリと配布元が信頼できるかどうか、インストール前に情報を集めるようにしましょう。

⏻ Column

ダウンロードしたアプリの実行

ダウンロードしたアプリは、最初の実行時に確認のダイアログボックスが表示される場合があります。
「システム設定」の「プライバシーとセキュリティ」を選択し、「セキュリティ」の「ダウンロードしたアプリケーションの実行許可」
が「App Storeと確認済みの開発元からのアプリを許可」になっていて、アプリの出元が安全であると判断できる場合は、「開く」ボ
タンをクリックしてください。

アプリの出元が安全であると
判断できる場合はクリック

また、「ダウンロードしたアプリケーションの実行許可」が「App Store」になっている場合、App Store以外から入手したアプリを
実行すると、開けないとの警告ダイアログボックスが表示されるので、「OK」ボタンをクリックします。

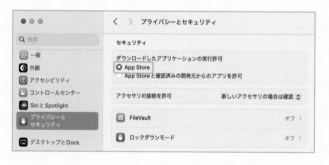 

クリックします

「システム設定」の「プライバシーとセキュリティ」に使用がブロックされたとのメッセージが表示されるので、使用するには「このまま
開く」をクリックします。再度、アプリケーションを起動すると確認のダイアログボックスが表示されるので、アプリの出元が安全で
あると判断できる場合は、「開く」ボタンをクリックしてください。

1. クリックします

2. クリックして起動します

▶ **Section 10-3** Dock ▶「App Store」▶「アップデート」

アプリを最新の状態にする

 Macのシステムやアプリなどの更新があると、アップデートが通知されます。最新の環境にアップデートすると、アプリの新しい機能を使えるようになります。また、システムをアップデートすると安定したシステムに更新されます。

アップデートの通知

ソフトウェアのアップデートがあると、Dockの「App Store」アプリにアップデート可能なアプリの数が表示されます。

アップデートの通知

アップデートを実行する

アップデートはApp Storeの「アップデート」で行います。Dockから「App Store」（234ページ参照）を起動して「アップデート」を表示します。

アップデートできる件数と内容が表示されるので、必要な項目をアップデートしてください。通常は、「すべてをアップデート」をクリックしてかまいません。

アップデート対象をすべてアップデートします

選択した項目だけをアップデートします

アップデートできる項目の内容が表示されます

最近アップデートしたアプリの一覧です。「開く」と表示されているアプリは、クリックすると起動します

▶ Section 10-4　「システム設定」▶「一般」▶「言語と地域」▶「翻訳言語」

文書の内容を翻訳する

「プレビュー」や「メール」アプリ、Pages、Numbersなどの翻訳対応アプリでは、選択した部分を翻訳できます。日本語への翻訳以外に、日本語から他の言語への翻訳も可能です。

日本語に翻訳する

01 翻訳する部分を選択する

翻訳する部分を選択します。control ＋クリック（右クリックでも可）して、「"XXXX"を翻訳」を選択します。

02 翻訳表示される

選択部分が黄色で表示され、翻訳文がポップアップ表示されます。「翻訳とプライバシーについて」のポップアップが表示された場合は、「続ける」をクリックしてください。
ポップアップの左下にある「翻訳をコピー」をクリックすると、翻訳文がコピーされます。
他の言語に翻訳された場合は翻訳言語を「日本語」に設定してください。

日本語を他の言語に翻訳する

入力した日本語を、他の言語に翻訳することもできます。英文でメールを送信しなければならないときなどに便利です。

01 翻訳する部分を選択する

翻訳する部分を選択します。control ＋クリック（右クリックでも可）して、「"XXXX"を翻訳」を選択します。

02 翻訳表示される

選択部分が黄色で表示され、翻訳文が
ポップアップ表示されます。

翻訳されます

クリックすると、
日本語が翻訳で置換されます

クリックすると、
翻訳がコピーされます

03 言語を変える

青文字の言語をクリックすると、翻訳言
語を変更できます。

言語を変更します

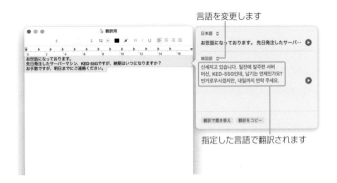

指定した言語で翻訳されます

⏻ Column

翻訳はオンラインで処理される

翻訳は、インターネットに接続されている状況ではオンラインで処理されます。インターネットに接続しないオフラインで翻訳を
利用する場合は、翻訳言語データをダウンロードしておく必要があります。
「システム設定」の「一般」を選択して「言語と地域」を選択し、画面の下部にある「翻訳言語」をクリックします。言語の選択画面
が表示されるので、翻訳に使用する言語の「ダウンロード」をクリックしてダウンロードしてください。

1. 「言語と地域」パネルを開きます

クリックしてオフライン翻訳で使用する
言語をダウンロードします

2. クリックします

チェックすると、常にオフラインで翻訳します

▶ Section 10-5　「システム設定」▶「一般」▶「言語と地域」▶「テキスト認識表示」

画像内のテキスト認識表示

画像データに写っている文字部分をテキストデータ（文字データ）として認識し、コピーや翻訳が可能です。英語などのマニュアルを撮影して、日本語に翻訳する場合などに便利です。

テキスト認識をオンにする

「システム設定」の「一般」を選択し、「言語と地域」の「テキスト認識表示」をオンにします。これで準備OKです。

画像でのテキスト認識

01 画像内の文字部分を選択する

画像ファイルを「プレビュー」アプリで開きます。文字部分にカーソルを移動すると、テキストエディットの文字と同様に文字を選択できます。

1. 画像ファイルを開きます

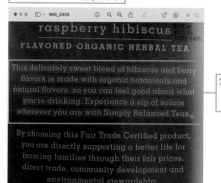

2. ドラッグして文字として選択できます

02 コピーしたり翻訳したりする

文字部分を選択した状態で `control` ＋クリック（右クリックでも可）するとメニューが表示されます。「コピー」を選択すると、文字データとしてコピーされ、他のアプリにペーストできます。
「XXXXを翻訳」を選択すると、日本語に翻訳できます。

POINT

Safariで表示されている画像でも、同様にテキスト認識の操作が可能です。

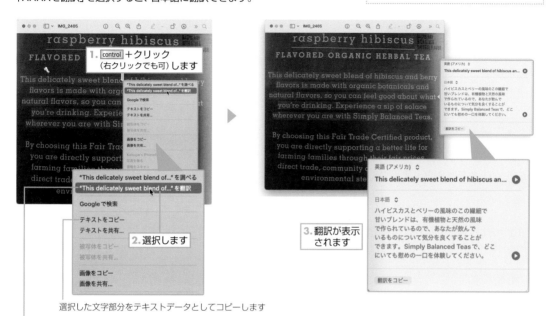

1. `control` ＋クリック（右クリックでも可）します

2. 選択します

3. 翻訳が表示されます

選択した文字部分をテキストデータとしてコピーします

選択した文字部分を翻訳します

クイックルックで認識

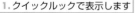

Finderウインドウでファイルを選択して `space` キーを押し、ファイルの内容を表示するクイックルックでも、画像内からテキストを認識してコピーや翻訳が可能です。

1. クイックルックで表示します

2. クリックします

3. 文字認識された部分がハイライト表示となり選択された状態になります

この状態でコピー＆ペーストが可能です

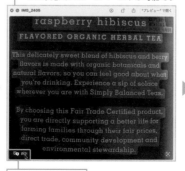

4. クリックします

ハイライト部分が翻訳されます

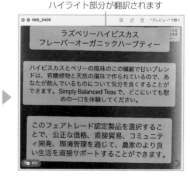

241

▶Section 10-6　「ファイル」メニュー ▶「ページ設定」/「ファイル」メニュー ▶「プリント」

画像や文書を印刷する

プリンタを接続できたら、プリンタの設定や用紙の選択などを設定してプリントします。同じ手順でPDFにも保存できます。プリントやPDFの作成方法は、どのアプリでも基本的には同じなので、覚えておきましょう。

ページ設定

プリントする用紙サイズや印刷方向、印刷範囲などの設定をします。ここでは、「Pages」で説明します。プリントする文書ファイルを開いて、「ファイル」メニューから「ページ設定」を選択します。

01 「ページ設定」を選択

「ファイル」メニューから「ページ設定」を選択します。

02 使用するプリンタと
用紙サイズ・方向などを設定する

ポップアップ画面が表示されるので、「対象プリンタ」で使用するプリンタ、「用紙サイズ」で用紙サイズ、「方向」で用紙の方向、「拡大縮小」で拡大／縮小の倍率を設定します。
設定したら、「OK」ボタンをクリックします。

ShortCut
ページ設定 (Pages)
shift + ⌘ + P

> **POINT**
> プリンタの設定は、164ページを参照ください。

> **POINT**
> 印刷の範囲や用紙サイズを設定するコマンドは、アプリによって異なります。例えば「プレビュー」(248ページ参照) などは、「プリント」ダイアログボックスで設定します。

| Pages | ファイル | 編集 | 挿入 | フォーマット |

新規…	⌘N
開く…	⌘O
最近使った項目を開く	>
閉じる	⌘W
保存	⌘S
複製	⇧⌘S
名称変更…	
移動…	
バージョンを戻す	>
共有…	
アクティビティ設定…	
書き出す	>
Apple Books に公開…	
差し込み印刷…	
ページレイアウトに変換	
ファイルサイズを減らす…	
詳細	>
パスワードを設定…	
テンプレートとして保存…	
ページ設定…	⇧⌘P
プリント…	⌘P

1.選択します

用紙の方向を選択します
用紙サイズを選択します　　使用するプリンタを選択します

対象プリンタ	Canon TS7530 series ⌄
用紙サイズ	A4 210 x 297 mm ⌄
向き	◉ 縦 ○ 横
拡大縮小	100 ⌄

? キャンセル OK

拡大縮小するときは、
倍率を設定します

2.クリックします

プリントする

プリンタや用紙の設定が完了したら、ファイルをプリントしてみましょう。
ここでは、「プレビュー」で開いたデジタルカメラの写真をプリントします。

01 「プリント」を選択

「ファイル」メニューから「プリント」を選択します。

ShortCut

プリント
⌘ + P

02 プリンタや部数を設定

ポップアップウインドウが表示されるので、印刷に
使用するプリンタや印刷部数を設定します。
必要に応じて、プリンタごとの詳細設定を行い、「プ
リント」をクリックするとプリントされます。

プリントに使用するプリンタを選択します

プリセットを選択します

ページが複数にわたる場合、特定のページだけ
印刷するときは「開始」と「終了」ページを指定
します

用紙サイズを選択します

アプリの設定以外に、プリンタ固有の設定項目
を表示して設定できます（プリンタによって表
示項目が異なります）

クリックしてプリント
を実行します

03 プリントされる

Dockにプリンタのアイコンが表示されるので、ク
リックしてジョブウインドウを表示すると、現在の
プリント状況が表示されます。

243

⏻ Column

PDFで書き出す

プリントのポップアップウインドウの
左にある「PDF」ボタンをクリックする
と、プリント対象をそのままPDFファ
イルで保存したり、PDFにしてメール
やメッセージで送信できます。
SafariでWebページもPDFにできるの
で、重要なページをファイルで保存で
きます。

「PDF」ボタンをクリックすると、
プリント対象をPDFで保存したり、
メールに添付して送信できます

⏻ Column

ファミリー共有

「ファミリー共有」を使うと、iCloudで
共有するコンテンツやiTunes Store/
App Store/iBook Storeで購入したコン
テンツを家族で共有できます。クレ
ジットカード登録してあるiCloudアカ
ウントを管理者として設定し、決済情
報を登録していない家族のiCloudアカ
ウントを登録すると、管理者以外の家
族も管理者のクレジットカード決済を
使って、コンテンツを購入できます。
また、家族全員が書き込みできる
Familyカレンダーを利用できたり、家
族のMac やiPhone/iPad を探すことも
できます。
ファミリー共有は、「システム設定」の
「Apple ID」を選択して「ファミリー共
有」をクリックすると設定できます。
画面に従って設定してください。

クリックして、画面に従って設定を続けます

Chapter

11

標準アプリの活用

macOS Sonomaには、標準でさまざまなアプリが付属しています。ここでは、よく使うアプリの基本的な機能と操作について説明します。

▶ **Section 11-1**　　Dock ▶「テキストエディット」/ Launchpad ▶「テキストエディット」

書類を作成する（テキストエディット）

「テキストエディット」を使用して、かんたんな文書を作成できます。文字サイズや書体を変えたり、色を付けたりしてメリハリのついた文書を作成してみましょう。画像や表を挿入することもできます。

書類を作成する

01 テキストエディットを起動

Finderウインドウの「アプリケーション」を開いて「テキストエディット」をダブルクリックして起動します。Launchpadの「その他」からも起動できます。

02 文章を入力

「テキストエディット」が起動して、新規書類ウインドウが表示されます。文章を入力できます。
ファイルを開くダイアログボックスが表示された場合は、「新規書類」をクリックして文章を入力してください。

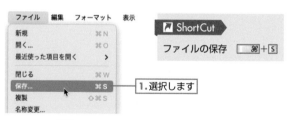

03 「保存」を選択

「ファイル」メニューから「保存」を選択します。
ファイル名とファイルの保存場所を選択して、「保存」ボタンをクリックします。

> **→ POINT**
> 「表示」メニューの「タブバーを表示」を選択すると、複数の書類をタブで切り替えて表示できます。

> **→ POINT**
> iCloudにサインインし、iCloud Driveがオンになっていると、iCloudを保存場所として選択できます。

⏻ Column

「テキストエディット」のファイル形式

標準ではリッチテキストフォーマット（.rtf）で保存されます。文字修飾を何も付けない標準テキスト形式（.txt）で保存したい場合は、「フォーマット」メニューから「標準テキストにする」を選択します。

文字の装飾

文字を選択状態にしてから、ツールバーでフォントや文字サイズ、文字色などを設定できます。

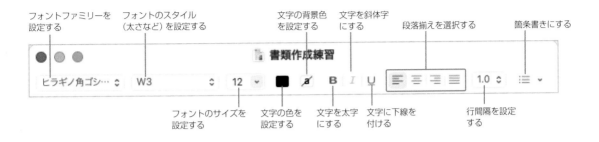

フォントファミリーを
設定する

フォントのスタイル
（太さなど）を設定する

文字の背景色
を設定する

文字を斜体字
にする

段落揃えを選択する

箇条書きにする

フォントのサイズを
設定する

文字の色を
設定する

文字を太字
にする

文字に下線を
付ける

行間隔を設定
する

表を挿入する

「フォーマット」メニューから「表」を選択すると、カーソルの位置に表が挿入されます。

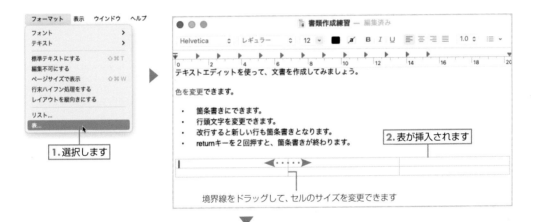

1. 選択します

2. 表が挿入されます

境界線をドラッグして、セルのサイズを変更できます

3. カーソル位置の
表の形式を設定
できます

⏻ Column

画像を挿入する

画像を挿入したい位置に、画像ファイルをドラッグ＆ドロップします。RTFDフォーマットへの変換を確認するダイアログボックスが表示されるので、「変換」ボタンをクリックしてください。テキストエディットでは、画像サイズを変更できないので、「プレビュー」などを使って、挿入する画像のサイズを小さくしてから挿入しましょう。その際、元の画像を複製してからサイズを変更するといいでしょう。

Chapter 11

　Dock ▶「プレビュー」/ Launchpad ▶「プレビュー」

画像やPDFファイルを見る（プレビュー）

「プレビュー」を使用して、デジタルカメラで撮影した画像やPDFファイルなどを表示できます。画像のかんたんな補正に加えてデジタルカメラで撮影した画像の撮影情報を確認したり、PDFファイルに注釈を付けることもできます。

画像またはPDFファイルを開く

　開きたい画像またはPDFファイルを選択してダブルクリックすると「プレビュー」が起動して、ファイルの内容が表示されます。

PDFファイルのテキストにハイライト（マーカー）や
アンダーライン、取り消し線を付けることができます

表示している画像やPDFファイルを
縮小表示または拡大表示します

画像を共有
します

表示している画像やPDFファイルを
反時計回りに90°回転します

マークアップツールバーの表示／非表示を切り
替えます。マークアップツールバーでは「ツール」メニューの「注釈」にあるサブメニューの機能を使用して、画像やPDFファイルに注釈やメモを付けることができます

「注釈」のサブメニュー

表示内容を切り替えます　　　マークアップツールバー

→ POINT

ファイル形式によって特定のアプリで開くように設定している場合は、「プレビュー」以外のアプリが起動します。「プレビュー」で表示させたい場合は、開きたいファイルをFinderで control キーを押しながらクリック（右クリックでも可）して、「このアプリケーションで開く」から「プレビュー」を選択します。

→ POINT

「プレビュー」で付けた注釈やメモは、Acrobat Readerでも正しく表示できます。

画像の色合いを調整する

「ツール」メニューから「カラーを調整」を選択します。

露出やコントラスト、彩度、色温度、色合い、セピア、シャープネスなど、一般的な画像補正パラメータを使用して、色合いを調整できます。

カラーを調整　option + ⌘ + C

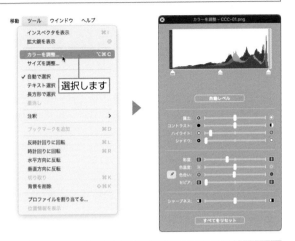

選択します

画像の大きさを調整する

「ツール」メニューから「サイズを調整」を選択して、ダイアログボックスで指定します。

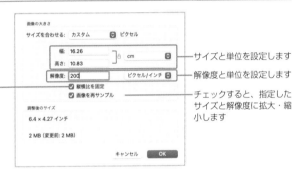

サイズと単位を設定します
解像度と単位を設定します

チェックすると
縦横比を固定します

チェックすると、指定したサイズと解像度に拡大・縮小します

→ POINT

PDFファイルはサイズを変更することができません。

画像やPDFファイルの情報を表示する

「ツール」メニューから「インスペクタを表示」を選択します。

選択します

デジタルカメラで撮影した
画像の表示例（一般情報）

PDFの表示例

インスペクタを表示　⌘ + I

Chapter 11

▶ **Section 11-3** | Dock ▶「連絡先」/ Launchpad ▶「連絡先」

アドレス帳を作成する（連絡先）

「連絡先」を使用すると、メールアドレスを含む住所録を作成・管理できます。登録した情報は「メール」や「メッセージ」、FaceTimeなど他のアプリからも活用することができます。

新しい連絡先を登録する

01 Dock の「連絡先」をクリック

Dockの「連絡先」をクリックします。

クリックします

02 ＋ ボタンをクリック

ウインドウの下にある ＋ ボタンをクリックして、「新規連絡先」を選択します。

→ POINT

画面は、「表示」メニューの「グループを表示」でグループを表示しています。

2. 選択します

1. クリックします

03 情報を入力

各項目に情報を入力します。
全部の項目を入力する必要はありません。わかる項目、利用する項目（例：メールアドレス、電話番号のみ）だけの入力でも登録できます。
入力が終わったら、「完了」ボタンをクリックします。
入力した連絡先が登録されます。

新しい連絡先が追加されます

1. 情報を入力します

2. クリックします

⏻ Column

連絡先の編集と削除

編集したい連絡先を表示してから「編集」ボタンをクリックして、連絡先を編集します。

削除は、連絡先を control キーを押しながらクリック（右クリックでも可）して、「カードを削除」を選択します。

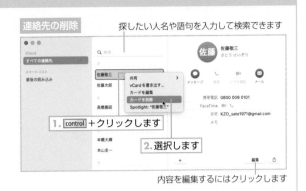

探したい人名や語句を入力して検索できます

1. control +クリックします

2. 選択します

内容を編集するにはクリックします

➡ POINT

「メモ」欄はいつでも編集できます。

Chapter 11

Chapter 12

連絡先をメールと組み合わせて活用する

▶ 連絡先からメールを送信する

メールを送信する相手のメールアドレスの右側のアイコン ✉ をクリックします。

選択したメールアドレスが宛先に指定された状態で、新規メール作成ウインドウが表示されます。

クリックします

▶ メールから連絡先にメールアドレスを追加する

メールアドレスを登録したいメールを表示します。

差出人欄の右側にある ⌄ をクリックして、「"連絡先"に追加」を選択します。

「連絡先」を開いてメールアドレスが追加されていることを確認して、必要な情報を追加登録します。

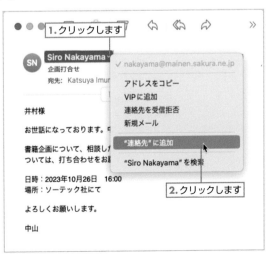

1. クリックします

2. クリックします

会社など特定の連絡先だけをまとめてグループを作成する

連絡先が増えてくると、必要な連絡先を探すのに時間がかかってしまいます。

そこで「友人」や「会社の同僚」、「取引先」のようなグループを作成して登録しておくと、連絡先を探す手間を減らせます。

01 新規グループを作成

iCloud（または「このMac内」）にカーソルを移動して、⊕をクリックします。グループが作成されるので、グループ名を入力します。

ShortCut

新規グループの作成　shift + ⌘ + N

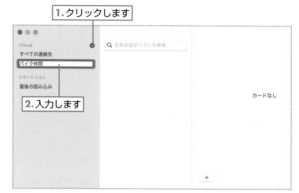

1.クリックします

2.入力します

02 連絡先をグループに追加

すべての連絡先を表示してから、グループに追加したい連絡先を選択し、作成したグループにドラッグ＆ドロップします。

→ **POINT**

連絡先は複数のグループに登録できます。

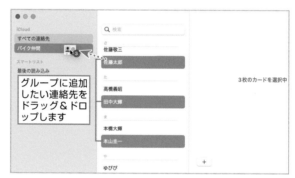

グループに追加したい連絡先をドラッグ＆ドロップします

⏻ **Column**

Googleアカウントなどの連絡先を利用する

「連絡先」では、Googleアカウントなどの連絡先を読み込んで利用できます。「連絡先」メニューの「アカウント」を選択し、「システム設定」の「インターネットアカウント」を表示します。

Googleアカウントなどのアカウントを追加し、連絡先をオンにしてください。アカウントによっては、連絡先の読み込みだけが可能で、追加編集はできません。

Googleアカウントの連絡先を利用する

▶ **Section 11-4**　Dock ▶「カレンダー」/ Launchpad ▶「カレンダー」

予定を管理する（カレンダー）

「カレンダー」を使用して、予定やスケジュールを作成・管理できます。スケジュールをインターネットで公開したり、他のアカウントのカレンダーと同期することもできます。

「カレンダー」を起動する

カレンダーは、Dockの「カレンダー」をクリックすると起動します。

クリックします

カレンダーの表示単位を切り替えます

▶ POINT

Dockの「カレンダー」のアイコンには、「システム設定」の「一般」の「日付と時刻」（161ページ参照）で指定されている今日の日付が表示されます。

イベントを追加する

▶ 「日」または「週」表示の場合

追加したいイベントの時間帯をドラッグで選択してから、イベント名やその他の情報を入力します。

「日」表示の場合

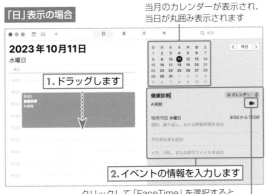

当月のカレンダーが表示され、当日が丸囲み表示されます

1. ドラッグします

2. イベントの情報を入力します

クリックして「FaceTime」を選択すると、FaceTimeを使ったビデオ通話を利用できます

「週」表示の場合

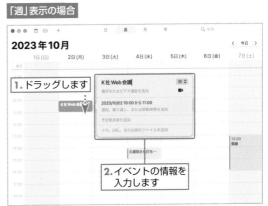

1. ドラッグします

2. イベントの情報を入力します

▶ 「月」表示の場合

追加したいイベントのある日付をダブルクリックしてから、イベント名や時間帯、その他の情報を入力します。

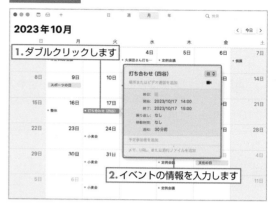

「月」表示の場合

ShortCut

カレンダーを「日」で表示する
⌘ + 1

カレンダーを「週」で表示する
⌘ + 2

カレンダーを「月」で表示する
⌘ + 3

カレンダーを「年」で表示する
⌘ + 4

→ POINT

初期設定では「カレンダー」というカレンダーが用意されています。「ファイル」メニューの「新規カレンダー」で新しいカレンダーを追加することもできます。

⏻ Column

メールから「カレンダー」にイベントを追加する

メールに記載されている日付を自動認識して、カレンダーのイベントとして追加することもできます。
日時部分にカーソルを移動してクリックします。
または、メールの上部にSiriが認識したイベントが表示されるので、「追加」をクリックします。

ポップアップが表示されるので、適切なイベント名に変更したら、「"カレンダー"に追加」ボタンをクリックします。
「カレンダー」を開いてイベントが追加されていることを確認し、必要な情報を追加登録します。

イベントを削除する

削除したいイベントをクリックしてから、delete キーを押します。

⏻ Column

クラウドサービスのカレンダーを表示する

GoogleやFacebookのカレンダーを表示できます。
「システム設定」の「インターネットアカウント」でクラウドサービスのアカウントを追加し、「カレンダー」をオンにします。

Chapter 11

▶ **Section 11-5** | Dock ▶「リマインダー」/ Launchpad ▶「リマインダー」

やるべきことを管理する（リマインダー）

「リマインダー」を使用して、やるべきことをToDoリストのように管理できます。繰り返しのタスクを登録したり、指定した日時に通知で知らせるように設定することもできます。

01 「リマインダー」を起動

リマインダーは、Dockの「リマインダー」をクリックすると起動します。

02 用件を登録

リマインダーを登録するリストを選択し、右上の＋をクリックします。入力欄が表示されるので用件を登録します。必要に応じて、日付や場所タグなどを追加してください。

タグを入力できます 　**1. クリックします**

2. 要件を入力します

3. 選択します

03 用件の詳細を登録

ⓘ をクリックすると、要件の詳細を設定できます。

〆切の日付や目的の場所に近づいたら通知する場合は、チェックを付けて指定します

クリックしてフラグを設定できます

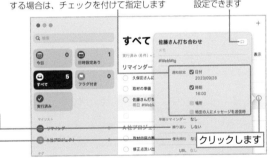

定期的に繰り返す用件の場合は、繰り返しのパターンを選択します

必要に合わせて、優先度を設定したりメモを追加します

クリックします

⏻ **Column**

リストの追加

「リストを追加」ボタンをクリックすると、新しいリストを追加できます。タグを設定した要件だけを表示するスマートリストも作成できます。

また「今日」をクリックすると今日の要件、「日時設定あり」をクリックすると通知日時を設定した要件、「フラグ付き」はフラグを設定した要件だけを表示できます。

クリックすると通知日時を設定したリマンダーのみを表示できます

クリックすると新しいリストを追加できます

255

▶ **Section 11-6**　Dock ▶「メモ」/ Launchpad ▶「メモ」

メモ書きする（メモ）

「メモ」を使用してメモを記録できます。SafariやFinderの「共有」メニューから「メモ」を選択するだけで情報を記録できます。メモの内容はiCloudで同期されるため、さまざまな場所・デバイスで思いついたアイデアを書き足す用途にも向いています。

01 Dockの「メモ」をクリック

Dockの「メモ」をクリックします。
または、Launchpadで「メモ」をクリックします。

クリックします

02 新しいメモを作成してメモを入力

新しいメモを追加するには、✎をクリックします。ドラッグ＆ドロップで画像を追加したり、「フォーマット」メニューを使用して文字を修飾することもできます。

> ### → POINT
> iCloudなどのクラウドサービスを利用していない場合は、メモはMac内に保存されます。

チェックリストを設定した段落は、クリックしてチェックマークを付けられます

自由にメモを追加できます

選択したメモを削除します

メモの表示方法を選択します

選択した段落にチェックリストのマークを付けます

メモを作成します

現在表示しているSafariのWebページへのリンクを追加します

選択したメモにパスワードを設定してロックします

メモをメールやメッセージで共有します。他のユーザ（Apple IDでiCloudにサインインが必要）と選択したメモの内容を共有します

選択した段落にスタイルを設定します

表を挿入します

写真ブラウザから写真を挿入、またはiPhone/iPadから写真やスキャンした書類、スケッチを挿入します（276ページ参照）

クイックメモ

「メモ」アプリを起動していなくても、画面の右下にカーソルを移動してクリックするとクイックメモを起動でき、すぐに要件をメモできます。

1.カーソルを画面右下に移動してクリックします

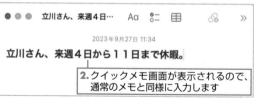

2.クイックメモ画面が表示されるので、通常のメモと同様に入力します

クイックメモは、「クイックメモ」フォルダに保存されます

ドラッグして通常
の「メモ」フォル
ダに移動できます

POINT

「クイックメモ」フォルダには、通常のメモと同様に複数のメモを作成できます。画面右下にカーソルを移動してクリックすると、最新のクイックメモが表示されます。

POINT

画面右下でのクイックメモの起動は、「システム設定」の「デスクトップとDock」にある「ホットコーナー」の設定によります。

他のアプリからメモを作る

他のアプリから連係して、「メモ」に情報を残せます。ここでは、一例として「マップ」から「メモ」に登録する手順を紹介します。

01 共有メニューから「メモ」を選択

「メモ」に残したい「マップ」を表示し、「共有」から「メモ」を選択します。

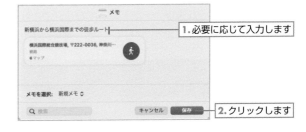

02 入力して保存

必要に応じて「メモ」に入力し、「保存」ボタンをクリックします。

03 保存された「メモ」

「マップ」が「メモ」に記録されます。「マップ」の部分をダブルクリックすると、「マップ」を表示できます。

「マップ」から作成された「メモ」

ダブルクリックすると「マップ」を表示できます

⏻ Column

ピンで固定して上部に表示する

「メモ」を2本指（MagicMouseでは1本指）で右にスワイプするか、control キーを押しながらクリック（右クリックでも可）して「メモをピンで固定」を選択すると、ピン止めされて常に上部に表示されるようになります。

「メモ」を右にスワイプするとピンで固定できます

▶ **Section 11-7**　　Dock ▶「FaceTime」/ Launchpad ▶「FaceTime」

テレビ電話する（FaceTime）

インターネット接続環境があれば、「FaceTime」を使用して、相手の顔を見ながら無料で通話できます。

「FaceTime」を起動する

FaceTimeは、Dockの「FaceTime」をクリックすると起動します。

クリックします

アカウントを設定する

「FaceTime」の初回起動時は設定のアシスタントが表示されるので、アカウントを設定します。

Apple IDとパスワードを入力してから、「次へ」ボタンをクリックします。

1.入力します

2.クリックします

⏻ Column

Apple IDと携帯電話の番号

「FaceTime」メニューの「設定」にある「一般」パネルでサインアウトできます。また、サインインに使用したApple IDとiPhoneの電話番号を紐付けして、着信先として設定できます。

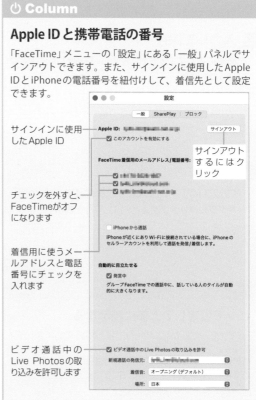

サインインに使用したApple ID

サインアウトするにはクリック

チェックを外すと、FaceTimeがオフになります

着信用に使うメールアドレスと電話番号にチェックを入れます

ビデオ通話中のLive Photosの取り込みを許可します

Apple IDを持っている人とのFaceTime

相手がApple IDを持っていて、MacやiPhoneなどのAppleのデバイスでFaceTimeを利用できる人とやり取りする際に利用します。

● 電話をかける

01 「新規FaceTime」をクリック

「新規FaceTime」をクリックします。

02 通話相手を指定

「宛先」で通話相手を指定します。相手の名前、メールアドレスまたは電話番号を入力してください。
「候補」には、すでに通話した相手が表示されクリックするだけで指定できます。
通話相手は最大32人まで指定して、グループ通話できます。

03 通話方法を指定

テレビ電話をするときは、「FaceTime」をクリックします。
音声のみで通話するときは、「FaceTime」の右にあるVをクリックして、「FaceTimeオーディオ」を選択します。

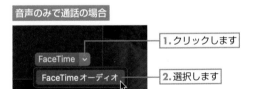

04 通話

呼び出しが始まり、相手が出ると通話が始まります。
通話中は自分が相手に送っている映像が小さいウインドウで表示されます。
通話を終了する場合は、「終了」ボタンをクリックします。

画面の右上に表示される◎をクリックすると、FaceTimeの画像がLive Photosとして「写真」アプリのライブラリに自動追加されます

通話が始まります

自分の映像が表示されます

カメラのオン／オフを設定します

通話を終了します

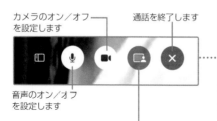

音声のオン／オフを設定します

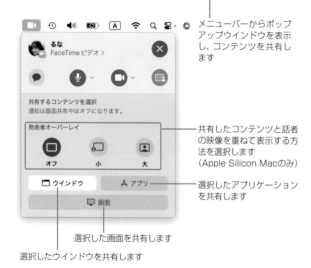

メニューバーからポップアップウインドウを表示し、コンテンツを共有します

共有したコンテンツと話者の映像を重ねて表示する方法を選択します（Apple Silicon Macのみ）

選択したアプリケーションを共有します

選択した画面を共有します

選択したウインドウを共有します

⏻ Column

相手に送信する映像の設定

Apple Silicon Macでは、画面右下に表示される映像で相手に送信する映像を設定できます。

クリックすると拡大表示されます

相手に送信する映像の形状（横長、縦長）を変更します

背景をぼかします（Apple Silicon Macのみ）

● テレビ電話を受ける

通話相手からの呼び出しがあると通知に表示されます。「応答」ボタンをクリックすると、通話できます。

クリックします

リンクを使ってテレビ電話

Apple IDを持っていない相手やWindowsなどの相手とやり取りするには、「リンクを作成」を使います。

FaceTime用のリンクを作成し、相手にリンクアドレスを伝えることで通話できるので、日時を指定してテレビ会議などに利用することもできます。

「リンクを作成」をクリックすると、メニューが表示されるので、相手にリンクを伝える方法や記録する方法を選択します。

クリックします

リンクをコピーします

リンクが本文に入力された新規メールが作成されるので、通話相手に送ってください

リンクが入力されたメッセージが作成されるので、通話相手に送ってください

メニューバーの使用

FaceTimeを起動するとツールバーに が表示され、各種設定が可能です。
通話中では、マイクやカメラのオン／オフが可能です。

通話相手が表示されます

マイクのオン／オフを設定します

メッセージアプリを起動します

通話を終了します

ビデオのオン／オフを設定します

画面やウインドウなどを共有します

オンにすると、背景をぼかします

オンにすると、背景を暗くして被写体を明るくします

画面にリアクション映像を再生します

声を分離：周囲の音を最小限に抑え、話者の声を優先します
ワイドスペクトル：話者の声と同じように、周囲の音も一緒に拾います

⏻ **Column**

連係カメラ

同じApple IDでサインインしていれば、iPhoneの高性能なカメラをMacのWebカメラとして利用できます。Mac miniなどのカメラ非搭載のMacでもテレビ電話が可能です。詳細は、284ページを参照ください。

Chapter 11

▶**Section 11-8**　Dock ▶「メッセージ」/ Launchpad ▶「メッセージ」

チャットする（メッセージ）

「メッセージ」を使用して、文字でリアルタイムの会話を楽しめます。会話中にFaceTimeを起動してビデオチャット（テレビ電話）に移行したり、使用プロトコル／アカウントによっては音声チャットを楽しむこともできます。

「メッセージ」を起動する

メッセージは、Dockの「メッセージ」をクリックすると起動します。

クリックします

アカウントを設定する

起動時にApple IDでサインインしていないと、iMessage設定のアシスタントが表示されるので、アカウントを設定します。

Apple IDとパスワードを入力してから、「サインイン」ボタンをクリックしてください。

1.入力します　2.クリックします

3.サインインが終わると、メッセージウインドウが表示されます

⏻ Column

Apple ID と携帯電話の番号

「メッセージ」メニューの「設定」にある「iMessage」パネルでサインアウトできます。またサインインに使用したApple IDとiPhoneの電話番号を紐付けして、着信先として設定できます。

サインインに使用したApple ID

サインアウトするにはクリック

iCloudにメッセージを保管するにはチェックします

着信用に使うメールアドレスと電話番号にチェックを入れます

新規チャットの発信元のメールアドレス/携帯電話番号を設定します

メッセージでチャットする

メッセージを使ってインターネットでチャットするには、相手のユーザをメンバーリストに登録します。

01 チャット相手を指定

「宛先」フィールドに相手の名前を入力します。
相手の名前を入力し始めると、連絡先に登録されている情報から候補を表示します。
ウインドウ左側のリストから送信先を選ぶこともできます。

02 メッセージを入力して `return`キーを押す

相手がメッセージに返信すると、メッセージウインドウに表示されます。

相手の名前を入力します

自分が送信したメッセージ

クリックして、写真アプリの画像やミー文字などを送信できます

絵文字を送信できます

メッセージを入力して`return`キーを押します

⏻ Column

メッセージを検索する

メッセージウインドウの検索フィールドで、宛先や送信済みのメッセージを検索できます。

添付ファイルを送信する

「チャット」メニューから「ファイルを送信」を選択すると、メッセージに最大100MBのファイルを添付して送信できます。

添付するファイルをメッセージ入力欄にドラッグ＆ドロップしてもかまいません。

⏻ Column

iMessageへの対応

iMessageは、OS X Mountain LionやiOS 5以降のiPhone、iPad、iPad touchを利用しているユーザにメッセージを送信することができます。
Macでの会話の続きを他の端末で続けることができます。また、Apple IDに関連付けられているメールアドレスや電話番号にもiMessageを送信することができます。

選択します

🗲 ShortCut

ファイルを送信する　`option`＋`⌘`＋`F`

iPhoneのSMS/MMSをMacで送受信する

macOS Sonomaでは、iPhoneの電話番号宛てのSMSをMacのメッセージで送受信できます。

● 使用のための要件

iOS 8以降がインストールされているiPhoneが必要です。

● 使用できるように設定する

MacでSMS/MMSを送受信できるように、iPhoneで設定します。Macと同じApple IDでサインインしてください。

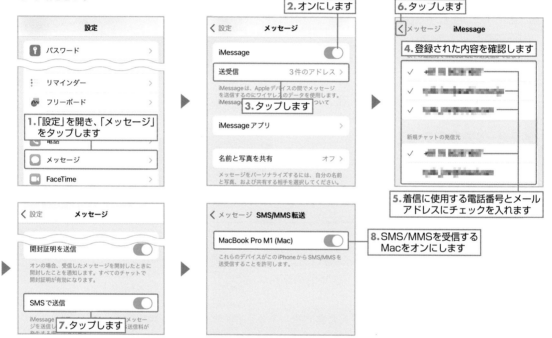

● SMS/MMSの送受信

設定が完了すると、iPhone宛てのSMS/MMSの送受信が可能になります。

電話番号宛てのSMSも、Macのメッセージで受信できます

Chapter 11

▶Section 11-9

Dock ▶「マップ」/ Launchpad ▶「マップ」

地図を見る（マップ）

「マップ」を使用して Mac で地図を表示できます。
マップは Dock の「マップ」をクリックすると起動します。

「マップ」を見る

地名等を検索して表示できます。

現在地を表　　3D 表示のオン／オフ　　経路を表示
示します　　　を切り替えます　　　　します

地図の表示形式　　ルックアラウンド　　地図を共有します
を切り替えます　　を表示します（次　　（267ページ参照）
（次ページ参照）　ページ参照）

よく使う項目やガイドの追加、新規
タブでの新しい地図を表示します

住所や建物名で検索できます　　サイドバーの表示／非表示を切り替えます

地図上でドラッグ（または2本指でスワイプ）すると、表示範囲を移動できます

検索した場所に表示されます

クリックしてここから
目的地までの経路を検
索できます

現在地からの所要時間

周囲からの景色が表示
されます

3Dの表示例

連絡先アプリで、自分
の「自宅」「勤務先」に
設定した住所が表示さ
れます

よく使う場所をガイド
として登録できます

地図を拡大表示／
縮小表示します

角度を調整でき
ます

周囲をドラッグして、地図の向きを変更でき
ます。変更した向きは、周囲部分をクリック
して北を上に戻せます

→ POINT

「ファイル」メニューの「新規ウインドウ」を選択すると、
複数のマップを表示できます。「表示」メニューの「タブ
バーを表示」を選択すると、複数のマップをタブで切り
替えて表示できます。

265

Column

地図の表示形式

地図の表示形式は、 🗺 をクリックするか、「表示」メニューから選択して切り替えられます。「詳細」（　⌘　+1）、「ドライブ」（　⌘　+2）、「交通機関」（　⌘　+3）「航空写真」（　⌘　+4）を選択できます。ドライブ（または「航空写真」で「交通情報を表示」にチェック）では交通情報（オレンジは低速、赤は渋滞発生、事故情報はマーカーで表示）を表示できます。ラベルをチェックすると、店舗などのラベルを表示します。

詳細

ドライブ

交通機関

航空写真

ルックアラウンド

🔍 をクリックすると、地図上の指定した位置からの風景を表示します。

地図表示に切り替えます

ドラッグして視点方向を変更できます

ドラッグして視点の位置を移動できます

風景の表示に切り替えます

ドラッグして視点方向を変えたり、クリックして視点位置を変えたりできます

経路を探す

⊕をクリックし、出発地、到着地を指定します。

「車」「徒歩」「交通機関」「自転車」で、移動する経路を切り替えられます。

1. クリックします

2. 選択します

3. 指定します

経路をダブルクリックすると、乗換駅や曲がり角などの詳細情報を表示できます

クリックすると、詳細な経路情報が表示されます

Chapter 11

 ShortCut

経路を表示する　⌘ + R

→ POINT

地図に複数の経路が表示された場合は、使用したい経路をクリックします。

⏻ Column

地図情報を送る

同じApple IDでiCloudにサインインしているiPhone/iPadのマップに、表示している地図情報や経路情報を送信できます。
 をクリックして、送信するiPhone/iPadを選択してください。
メモやリマインダーに送ったり、メッセージやAirDropで他のユーザのMacやiPhone/iPadにも送れます。

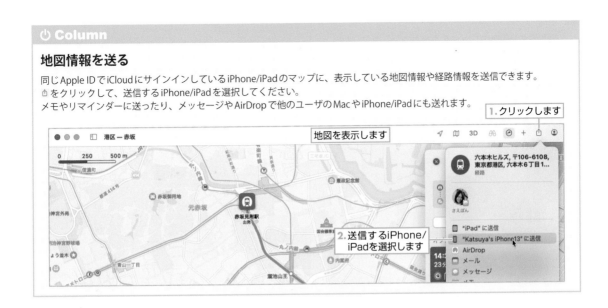

地図を表示します

1. クリックします

2. 送信するiPhone/iPadを選択します

Macで自撮りする（Photo Booth）

Photo Boothを使用して、Macの内蔵カメラなどで自分の写真を撮影してみましょう。撮影した写真はポスタリゼーションや魚眼レンズなど、さまざまな加工をして保存・利用できます。

「Photo Booth」を起動する

Photo Boothは、Launchpadの「Photo Booth」をクリックすると起動します。

クリックします

自分の写真を撮る

Photo Boothを起動してウインドウ下にあるボタンをクリックするだけで、自分の写真を撮影できます。

01 ポーズとアングルを決める

ポーズとアングルを決めます。

02 撮影ボタンをクリック

撮影ボタン◉をクリックするとカウントダウンが始まり、撮影されます。
Photo Boothで撮影された写真は、「ピクチャ」フォルダ内にある「Photo Boothライブラリ」に保存されます。

> **▶ POINT**
>
> モニタに表示されるのはミラー画像となります。撮影した画像は、初期設定で自動反転されて正常画像となります。

クリックします

撮影済み画像

iPhone / iPad との
連係機能

MacはiPhone/iPadなどと連係して、便利に活用できます。
ここでは、iPhone/iPadとの連係機能について説明します。

▶ **Section 12-1** Dock ▶「FaceTime」/ Launchpad ▶「FaceTime」

Macから iPhoneを通して電話をかける／受ける（FaceTime）

Macの画面からiPhoneを通して電話をかけたり、iPhoneにかかってきた電話をMacで受けることができます。Macで作業中に電話をする必要があっても、iPhoneをバッグなどから取り出す必要がありません。

使用できるように設定する

Mac、iPhoneそれぞれで、同じApple IDでFaceTimeにサインインします。
また、MacとiPhoneを同じWi-Fi親機に接続します。

● Macで「iPhoneから通話」をオンにする

FaceTimeを起動し、「FaceTime」メニューから「設定」を選択し、「iPhoneから通話」をチェックして準備完了です。

> **→ POINT**
>
> 「iPhoneから通話」が表示されない場合、Macを再起動してから、「システム設定」の「Apple ID」とFaceTimeのサインイン、Wi-Fiの接続を再確認してください。

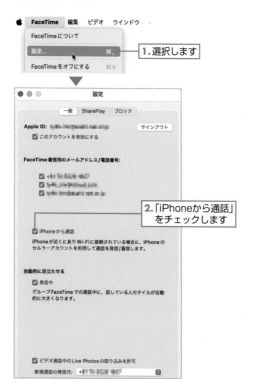

⏻ Column

iPhoneでの設定

「設定」を開き「FaceTime」を選択し、「FaceTime」をオンにします。Macと同じApple IDとパスワードを入力してください。

2. Macと同じApple IDが表示されていることを確認してください

※表示されていないときは、タップして同じApple IDでサインインしてください。

「設定」を開き、「電話」の「ほかのデバイスでの通話」で「ほかのデバイスでの通話を許可」をオンにし、使用するMacをオンにします。

Macで電話を受ける

iPhoneに電話がかかってくると、画面右上に通知されます。

「応答」をクリックすると、通話できるようになります。

iPhoneに電話がかかってくると表示される画面	通話中に表示される画面

電話を受ける
にはクリック

電話を切るに
はクリック

Macから電話をかける

「連絡先」などのアプリから、表示されている電話番号に対して電話をかけることができます。

「連絡先」の場合

クリックします

iPhoneから電話が
発信されると表示さ
れます

⏻ Column

Macでの通話をやめて
iPhoneで話すには

iPhoneのロックを解除して、画面上部の
「タッチして通話に戻る」をタップします。

→ POINT

他のアプリでも、同様に電話を発信できます。

FaceTimeでは、「新規FaceTime」をクリックし、「宛
先」で電話をかける相手を検索し、[control]キーを押しな
がらクリック（右クリックでも可）して電話番号を選択
します

「メール」では電話番号の上にカーソルを移動して表示
されたボタンをクリックして、「iPhoneで"nnn-nnnn-
nnnn"に発信」を選択します

▶ Section 12-2　「システム設定」▶「一般」/「システム設定」▶「Bluetooth」

Handoffで iPhone/iPadとMacで 同じ作業を続ける

macOS SonomaのMacとiOS 8以降を搭載しているiPhone/iPadでは、「カレンダー」「連絡先」「メール」などの付属アプリのデータをMacとiPhone/iPad間で転送できます。iPhoneで書きかけのメールをMacで続きを書いて送信するといった使い方が可能です。

Handoffを使用するための要件

Handoffに対応しているiPhone/iPadは、iOS 8以降がインストールされているiPhone/iPad/iPod touch（第5世代以降）です。

使用できるように設定する

● 同じApple IDでサインイン

Mac、iPhone/iPadそれぞれで、同じApple IDでサインインします。

● Bluetoothをオン

Mac、iPhone/iPadともにBluetoothをオンにします。

● Handoffを許可

「システム設定」の「一般」から「AirDropとHandoff」を選択し、「このMacとiCloudデバイス間でのHandoffを許可」をオンにします。

1.選択します
2.クリックします
3.オンにします

⏻ Column

Bluetoothのオン／オフ

MacでBluetoothをオンにするには、「システム設定」の「Bluetooth」で設定します。iPhone/iPadでは、コントロールセンターで設定するか、「設定」の「Bluetooth」で設定します。

● **iPhone/iPadの設定**

「設定」の「一般」にある「AirPlay
とHandoff」をタップして、「Hando
ff」をオンに設定します。

iPhone/iPadからMacに引き継ぐ

iPhone/iPadをMacに近づけると、Dockの右側にHandoffで転送されたアプリが表示されるので、ク
リックします。Macのアプリが起動し、iPhone/iPadの操作がそのまま引き継がれて表示されます。

1.iPhone/iPadを操作
した状態で、Macに
近づけます

2.クリックします

▼

3.アプリが起動し、操作が引き継がれます

> **POINT**
>
> Handoffを利用するには、MacとiPhone/iPadがBlue
> tooth圏内（約10m）にある必要があります。

> **POINT**
>
> 操作が引き継がれるのは、iPhone/iPadで前面で使って
> いるアプリだけとなります。

MacからiOSやiPadOSに引き継ぐ

iPhone/iPadで画面下部から上方向にスワイプして途中で止めて（またはホームボタンをダブルタップ）、Appスイッチャーを表示します。

Macに近づけると、画面下部にHandoffで転送されたアプリが表示されるので、タップします。

iPhone/iPadのアプリが起動し、Macの操作がそのまま引き継がれて表示されます。

1. Macで操作した状態で、iPhone/iPadを近づけます

2. Appスイッチャーを表示します

3. Handoffで転送されたアプリのアイコンが表示されるので、タップします

4. アプリが起動し、操作が引き継がれます

→ POINT

操作が引き継がれるのは、Macで前面で使っているアプリだけとなります。

▶ **Section 12-3**　ユニバーサルクリップボード

MacとiPhone/iPadでのコピー＆ペースト
（ユニバーサルクリップボード）

同じApple IDでサインインしているMacとiPhone/iPadであれば、Macでコピーした内容をiPhone/iPadにペーストできます。または逆にiOSでコピーしてMacでペーストも可能です。

01　Macでコンテンツを選択

Macのアプリ内で、iPhone/iPadにコピー＆ペーストするコンテンツを選択します。
ここでは、「プレビュー」で表示した画像の一部を選択しています。

コピー＆ペーストする範囲を選択します

⏻ Column

利用条件

MacとiPhone/iPadでHandoffできる設定が必要です。Handoffの設定は、Section 12-2を参照ください。

02　コピーする

「編集」メニューから「コピー」（⌘ + C）を選択します。

選択します

03　ペーストする

iPhone/iPadでタップしてメニューを表示し、「ペースト」をタップします（ここでは「メモ」にペースト）。

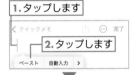

1. タップします
2. タップします

04　コピー＆ペーストされた

Macでコピーした画像がペーストされました。

3. ペーストされました

➡ POINT

ここでは画像ですが、「テキストエディット」に入力した文字や、Webページに表示された文字を選択してもかまいません。

⏻ Column

iPhone/iPadからMacにコピー＆ペースト

iPhone/iPadでコピーしたコンテンツは、Macにペーストできます。

▶ **Section 12-4**　　アクションメニュー ▶「iPhoneから読み込む」▶「写真を撮る」

iPhone/iPadを使って写真を撮る

Macから操作を開始して、iPhone/iPadを使って撮影できます。Mac miniなど内蔵カメラのない機種や、内蔵カメラでは撮りにくい写真を撮影できます。また、写真と同様に書類をスキャンすることもできます。

利用条件

MacとiPhone/iPadがどちらもBluetoothがオンで、同じWi-Fiルーターに接続して、同じApple IDでサインインしている必要があります（2ファクタ認証が有効である必要があります）。

Macからの指示で写真を撮る

ここでは、Finderウインドウからの操作でiPhoneを使って写真を撮り、画像データを作成します。

01 操作を選択

Finderウインドウを control キーを押しながらクリック（右クリックでも可）して、「iPhoneから読み込む」から「写真を撮る」を選択します。

☺▾をクリックして、「iPhoneから読み込む」から「写真を撮る」を選択してもかまいません。

02 iPhoneの撮影待ち

この画面が表示されたら、iPhoneで撮影できます。

⏻ Column

アプリからも使用できる

「テキストエディット」や「メモ」などでも、iPhone/iPadを利用して撮影（スキャン）した写真を書類中に挿入できます。「ファイル」メニューの「iPhoneから挿入」から選択してください。
Pages、Numbers、Keynoteでは「挿入」メニューの「iPhoneからの挿入」から選択してください。

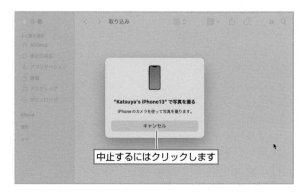

03 iPhoneで撮影

iPhoneでカメラアプリが起動するので、通常の
iPhoneの撮影のように写真を撮ります。

04 「写真を使用」をタップ

「写真を使用」をタップします。撮り直すときは、「再
撮影」をクリックします。

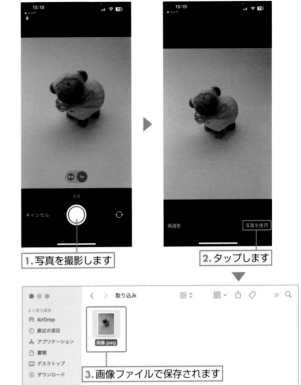

1.写真を撮影します

2.タップします

05 画像ファイルが保存される

iPhoneで撮影した写真が画像ファイルで保存され
ます。

3.画像ファイルで保存されます

Macからの指示で書類をスキャンする

ここでは、Finderウインドウからの操作で、
iPhoneを使って書類をスキャンします。

01 操作を選択

Finderウインドウをcontrolキーを押しながらクリッ
ク（右クリックでも可）して、「iPhoneから読み込
む」から「書類をスキャン」を選択します。

⊙ˇをクリックして、「iPhoneから読み込む」から
「書類をスキャン」を選択してもかまいません。

1.control+クリックします

2.選択します

02 iPhoneで書類をスキャン

右の画面が表示されたら、iPhoneで書類をスキャン
できます。

03 iPhoneでスキャン

iPhoneでカメラアプリが起動するので、書類に合わせて画角を決めて撮影します。
自動モードでは、書類と認識した範囲がハイライト表示されて自動でスキャンされます。

04 「保存」をタップ

スキャンは連続して行えます。
同様の手順で、他の書類もスキャンしてください。

タップすると、自動認識をオフにして手動スキャンになります

1.タップすると現在の状態でスキャンします

2.タップします

05 PDFファイルが保存される

iPhoneでスキャンした書類が、PDFファイルで保存されます。

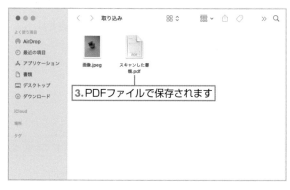

3.PDFファイルで保存されます

⮕ POINT

手動スキャンしたときは、タップして撮影した後に書類部分をハンドルで指定して「スキャンを保持」をタップします。

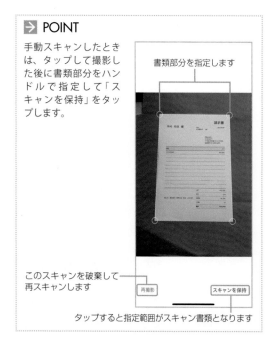

書類部分を指定します

このスキャンを破棄して再スキャンします

再撮影　　スキャンを保持

タップすると指定範囲がスキャン書類となります

⏻ Column

スケッチを追加

「スケッチを追加」を選択すると、iPhoneやiPadで手描きスケッチした画像を取り込めます。iPadでApple Pencilを使うことも可能です。

▶ **Section 12-5**　Launchpad ▶「探す」

iPhone/iPad/Macを
紛失時に探せるようにする（探す）

Macと同じApple IDでサインインしているiPhone/iPadおよびMacの現在位置を、地図上で確認できます。紛失時にデバイスの現在位置を確認するだけでなく、デバイス側で注意を喚起したり、遠隔操作で画面をロックしたりデータを消去したりできます。

探す

iPhone/iPadを探すには、「探す」アプリを使用します。

01 「探す」を起動

Launchpadから「探す」をクリックして起動します。

02 地図上に表示される

「デバイスを探す」を選択します。サイドバーには、同じApple IDでサインインしているiPhone/iPad/Macが表示されます。位置を確認するデバイスをクリックすると、地図上に表示されます。

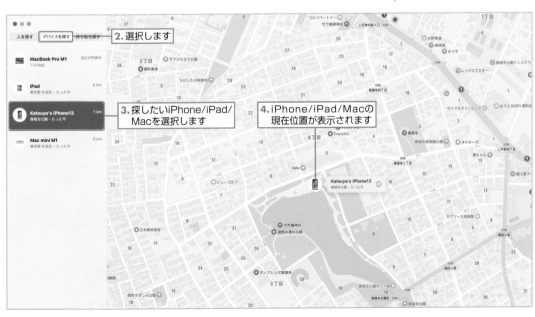

03 iPhone/iPad/Macを操作する

地図上のiPhone/iPad/Macの①をクリックすると、「サウンドを再生」でiPhone/iPadに警告音を再生できます。
「紛失としてマーク」を有効にすると、iPhone/iPadを拾得した方へのメッセージを表示できます。

iPhone/iPad/Macへの操作が可能です

▶ Section 12-6　　AirPlay

iPhoneの音声や画像をMacで再生する（AirPlay）

AirPlay機能を利用して、iPhoneやiPadの音声や映像をMacで再生できます。iPhoneで撮影した画像や映像を、Macの大きな画面で見ることができます。

iPhoneやiPadの映像をMacで表示する

　iPhoneやiPadの「写真」アプリで⬆をタップします。メニューから「AirPlay」をタップし、表示先のMacを選択します。

▶ **Section 12-7**　「システム設定」▶「ディスプレイ」

ユニバーサルコントロール

 同じApple IDでサインインしていれば、近くにあるiPadやMacで現在使用しているMacの
カーソルをシームレスに移動し、キーボードやマウスをそのまま利用できる機能です。

Macの設定

iPadやMacと同じApple IDでサインインします。

「システム」設定の「ディスプレイ」を選択し、「詳細設定」ボタンをクリックします。ポップアップウインドウで「MacまたはiPadにリンク」で設定します。上の2つの設定をオンにしておくとよいでしょう。

オンにすると、同じApple IDでサインインしているiPadやMacで、マウスカーソルを移動させてキーボードとマウスを共用できるようになります

オンにすると、マウスをディスプレイの右端または左端に移動すると、同じApple IDでサインインしているiPadやMacにカーソルが移動します

オンにすると、近くにある同じApple IDでサインインしているiPadやMacに自動で再接続します

iPadの設定

Macと同じApple IDでiCloudにサインインします。

「設定」アプリの「一般」から「AirPlayとHandoff」を選択し、「Handoff」と「カーソルとキーボード」をオンにします。

▶ **POINT**

ユニバールコントロールに対応しているiPadは下記の機種です。

iPadOS 15.4以降
iPad Pro（すべてのモデル）
iPad（第6世代）以降
iPad Air（第3世代）以降
iPad mini（第5世代）以降

ユニバーサルコントロールを使う

ここでは、上記「Macの設定」での設定で説明します。

Macでマウスカーソルをディスプレイの右端に移動します。太いラインが表示されるので、そのまま右に移動してください。カーソルがiPadに移動しますが、Macのマウス（トラックパッド）とキーボードがそのまま利用できます。

マウスカーソルを右端を移動すると、太いラインが表示されます

iPad側にカーソルが表示されます。そのままMacのマウスやトラックパッドでカーソルを移動して、タップと同じ操作が可能です。キーボードからの文字入力も可能です。左端にカーソルを移動するとMacにカーソルが戻ります

→ POINT

マウスを左端に移動した場合は、ディスプレイ左側からiPadとのカーソルの往来となります。

→ POINT

ユニバーサルコントロールを使用しているときの「システム設定」の「ディスプレイ」には、接続しているiPadやMacが表示されます。iPadをクリックすると、「使用形態」は「キーボードとマウスをリンク」と表示されます。

クリックすると、iPadやMacの接続位置を設定できます

接続しているiPadが表示され、選択できます

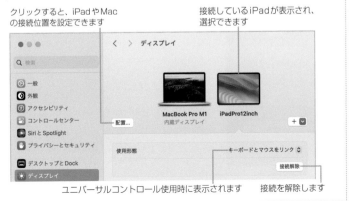

ユニバーサルコントロール使用時に表示されます　　接続を解除します

▶ Section 12-8　iPhoneの「設定」アプリ ▶「一般」▶「AirPlayとHandoff」▶「連係カメラ」

連係カメラ

同じApple IDでサインインしていれば、iPhoneのカメラをMacのWebカメラとして利用できます。Mac miniなどのカメラ非搭載の機種でも、映像ありのWeb会議が可能です。

利用条件

Mac（Sonoma）とiPhone（iPhone XR以降で、iOS 16以降）がどちらもBluetoothがオンで、同じWi-Fiルーターに接続して、同じApple IDでサインインしている必要があります。

iPhoneの設定

「設定」の「一般」にある「AirPlayとHandoff」をタップして、「連係カメラ」をオンに設定します。

利用方法

iPhoneをMacに近づけます。FaceTimeやZoomなどを起動すると、自動で連係カメラとして接続されます。FaceTimeでは、「ビデオ」メニューで使用するカメラやマイクを選択できます。

Macに連係カメラとして認識されると、iPhoneに表示されます。
FaceTimeを終了すると、カメラの連係は自動解除されるので、特に操作する必要はありません

iPhoneのカメラとマイクを選択できます

メニューバーの使用

FaceTimeを起動するとツールバーにが表示され、各種設定が可能です。

通話中では、マイクやカメラのオン／オフが可能です。

センターフレーム —— 通話者が中央になるように画角が自動で変わります

ポートレート —— オンにすると背景をぼかします

スタジオ照明 —— オンにすると背景を暗くして被写体を明るくします

リアクション —— 画面にリアクション映像を再生します

デスクビュー… —— 通話者だけでなく、机の上を映すウインドウを表示します。
このウインドウを共有すれば、手元の映像を相手に送れます

▶ Section 12-9 　iPhone / iPad / Finder ウィンドウ

iPhone/iPadへ転送・同期する コンテンツの設定

 iPhone/iPadをMacにUSBケーブルで接続すると、FinderにiPhone/iPadが表示され、デバイスごとにアプリやコンテンツ単位で同期する項目を設定します。

iPhone/iPadへの転送・同期設定を変更する

Macに iPhone/iPad を接続し、Finder ウインドウの「場所」から iPhone/iPad を選択します。ウインドウ上部に表示された同期する項目を選択し、設定を変更します。

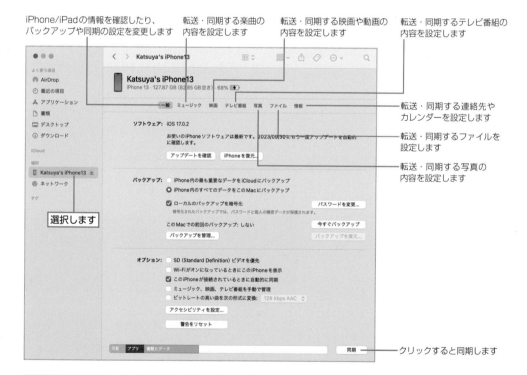

iPhone/iPadの情報を確認したり、バックアップや同期の設定を変更します

転送・同期する楽曲の内容を設定します

転送・同期する映画や動画の内容を設定します

転送・同期するテレビ番組の内容を設定します

転送・同期する連絡先やカレンダーを設定します

転送・同期するファイルを設定します

転送・同期する写真の内容を設定します

選択します

クリックすると同期します

複数のiPhone/iPadを管理できます

1台のMacで複数のiPhone/iPadを管理できます。同時に接続した場合は、Finderウインドウのサイドバーから設定を変更したいiPhone/iPadを選択してから、転送や同期の設定を変更します。

ファイル共有と画面共有

Macにはデータをやり取りするのに便利なAirDropが搭載されています。ここでは、共有について解説します。他のMacの画面を自分のMacに表示して操作する画面共有も可能です。

▶ **Section 13-1**　　Finderウインドウ ▶ サイドバー ▶ AirDrop

AirDropでファイルを転送する

 AirDropとは、Wi-Fiを使って、近くにあるMacやiPhone/iPadとファイルのやり取りをする機能です。外出先などでファイルをコピーする場合などに便利です。

AirDropを表示する

Wi-Fiがオンであれば、AirDropを使ってかんたんにファイルのやり取りが可能です。

Finderウインドウを表示して、サイドバーのAirDropを選択します。相手のMacが見えるかどうかを確認します。

▶ 相手のMacが表示されない場合は？

相手のMacのAirDropウインドウ下部にある「このMacを検出可能な相手」で「すべての人」を選択します。AirDropを使用しないときは、「なし」に設定しておいてください。

AirDropはiPhoneとも利用できるため、電車や街中などでも、知らない人からファイルを転送される可能性があります。

コントロールセンターからでも設定できます。

1. 選択します

2. 近くのMacが検出されて表示されます

AirDropで検出可能な相手に「すべての人」を選択します

1. クリックします

2. クリックします

AirDropをオン/オフを設定します

すべての人にアクセス許可

連絡先に登録しているユーザのみアクセス許可

→ POINT

AirDropが利用できるのは、OS X Yosemite以降を搭載したMacです。
ただし、古いMacは新しいMacには表示されません。

⬈ ShortCut

AirDropを表示
`shift` + `⌘` + `R`

送る側の操作

ファイルを送る側のMacで、AirDropに表示された送信先のMacのアイコンに送信したいファイルをドラッグ＆ドロップします。

⏻ Column

共有ボタンで送る

転送するファイルを選択してFinderウインドウの共有ボタン⬆️から「AirDrop」を選択しても、AirDropでファイルを転送できます。ただし、送り先のMacでAirDropが表示されている必要があります。

受ける側の操作

ファイルを受ける側のMacに通知が表示されます。通知にカーソルを移動し、辞退するか、「受け入れる」をクリックして保存場所を選択します。

> **➡️ POINT**
>
> 同じApple IDでサインインしているMac/iPhone/iPadでは、確認なしで自動で転送されます。

相手のMacのFinderウインドウにAirDropが表示されている場合は、通知ではなくFinderウインドウに通知されるので、受け入れるかどうかを選択します。

iPhone/iPad/iPod touchとAirDrop

　MacとiPhone/iPad/iPod touch（iOS 7以降でLightningコネクタ搭載）では、AirDropでファイルの転送が可能です。

●接続の設定

　MacとiPhone/iPad/iPod touchを、相手のMacやiPhone/iPad/iPod touchに検出してもらえるように設定します。

▶ Mac

　FinderウインドウでAirDropを表示します。ウインドウ下部にある「このMacを検出可能な相手」で、「連絡先のみ」または「すべての人」を選択します。

　「連絡先のみ」を選択すると、連絡先に登録されている相手だけが検出されます。

1. 選択します

3. 検出された相手のiPhone/iPadが表示されます

2. AirDropで検出可能な相手を選択します

▶ iPhone/iPad

　「設定」アプリで「一般」から「AirDrop」を開きます。検出可能な相手として「連絡先のみ」または「すべての人」を選択します。

　「連絡先のみ」を選択すると、連絡先に登録されている相手だけが検出されます。

タップして検出可能な相手を選択します

> **→ POINT**
>
> AirDropを使用しないときは、「受信しない」に設定しておいてください。
> AirDropはiPhone同士でも利用できるため、電車や街中などでも、知らない人からファイルを転送される可能性があります。
> 見知らぬ人から転送された場合は、共有を拒否してください。

● ファイルの転送

▶ Macから転送

　他のMacに送るのと同様に、Finderウインドウの「AirDrop」で転送先にファイルをドラッグ＆ドロップするか、共有ボタン 📤 をクリックしてAirDropを選択して、転送先を選択してください。

　iPhone/iPad/iPod touchで転送したファイルが表示されるので、「受け入れる」をタップすると転送されます。

→ POINT
同じApple IDでiCloudにサインインしているMacとiPhone/iPadでは、確認なく自動で転送されます。

表示されたiPhone/iPadに転送するファイルをドラッグ＆ドロップします

転送先

タップすると転送されます

▶ iPhone/iPadから転送

　Macに転送するファイル等を選択し、タブバーから 📤 をタップします。AirDropアイコンをタップし、転送先のMacを選択します。Macの受け入れ方は、MacからのAirDropと同じです。

1. 転送する写真などを選択します

2. タップします

複数の画像をタップして選択し転送できます

3. タップします

4. 転送先のMacをタップします

⏻ Column

NASを使う

Macの台数が3台以上ある場合には、NAS（Network Attached Storage）を導入することをおすすめします。NASは、簡単にいうとLAN接続する外付けハードディスクで、LANに接続したどのMacからもファイル共有できるようになります。企業で使用しているファイルサーバーのようなものです。

多くのNASが販売されており、ほとんどがWindowsとMacの両方に対応しています。

念のためにMac対応であることを確認してください。ただし、最新のmacOSであるSonomaには未対応の場合もあります。詳細は、各社のWebサイトで確認してください。

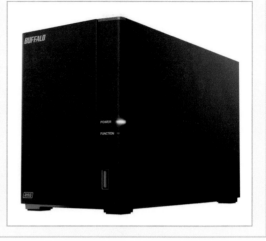

ネットワーク対応HDDリンクステーション
「LS720D」シリーズ（バッファロー）

> **Section 13-2** 　「システム設定」▶「一般」▶「共有」/ Finderウインドウ ▶ サイドバー ▶「ネットワーク」

画面共有で他のMacの画面を表示する

「システム設定」の「共有」のリストにある「画面共有」をオンにすると、自分のMacの画面にネットワークに接続されている他のMacのデスクトップ画面を表示して、リモートで操作でききます。

画面共有をオンにする

画面共有するには、公開する側のMacで画面共有を有効にします。
画面共有のオン／オフは、「システム設定」の「一般」から「共有」を選択して設定します。

01 「システム設定」から「共有」を選択

Dockやアップルメニューから「システム設定」を起動し、「一般」にある「共有」を表示します。

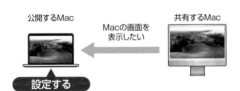

02 「画面共有」をオンにする

「コンテンツとメディア」にある「画面共有」をオンにすると、ネットワーク上の他のMacで、このMacの画面を表示できます。

画面共有されたMacに接続する

01 Macを選択して接続する

サイドバーの「場所」の「ネットワーク」をクリックし、表示された接続先Macをダブルクリックして開きます。

02 「画面を共有」をクリック

ウインドウの右側にある「画面を共有」ボタンをク
リックします。

クリックします

→ POINT

サイドバーに接続先のMacが表示されているときは、ク
リックして選択して「画面を共有」ボタンをクリックし
ます。

03 公開したMacのユーザ名と
パスワードを入力する

「ユーザ名」と「パスワード」に公開したMacのログ
インに使用するユーザ名（アカウント名）とパスワー
ドを入力します。
「パスワードを保存」をチェックにすると、次回以降、
この画面での入力は不要になるので、必要に応じて
チェックします。設定したら、「サインイン」ボタン
をクリックします。

→ POINT

ファイル共有と同様に、同じApple IDを使っている場合、
名前とパスワードを入力しないで画面共有できます。

“MacBook Pro M1” にサインインするには、ユーザ名と
パスワードが必要です。

続けるには、ユーザ名とパスワードを入力します。

ユーザ名: macuser

パスワード: ●●●●●●

☐ パスワードを保存

キャンセル　　サインイン

1.入力します　　パスワードを記憶させる　　2.クリックします
　　　　　　　　にはオンにします

04 接続先のMacの画面が表示される

自分のデスクトップに、共有するMacのデスクトッ
プが表示されます。表示された共有画面は、自分の
Macと同じように操作できます。
ウインドウを閉じると、共有は解除されます。

接続先のMacの画面が表示されました

⏻ Column

ファイル転送も可能

画面共有しているMacと、ファイルをドラッグ＆ドロッ
プでファイルの送受信が可能です。

⏻ Column

縮小表示も可能

共有画面のウインドウを小さくして、縮小表示すること
もできます。

Chapter

14

ユーザを管理する

・・

Macはひとりで使うことも、家族共用のコンピュータとして使うこともできます。ここでは、ユーザの追加やログインパスワードなどのユーザに関する設定について解説します。

▶ **Section 14-1** 「システム設定」▶「ユーザとグループ」

Macの使用ユーザを追加する

 Macは、最初はひとりで利用するように設定されていますが、アカウント（使用者）を追加すれば、それぞれのユーザが独自の環境で使用できます。追加登録したアカウントには、アカウントごとにMacの使用内容を制限できます。

使用ユーザ（アカウント）を追加する

Macの使用ユーザを追加するには、「システム設定」の「ユーザとグループ」で行います。

ユーザの追加には、パスワードが必要です。

01 **「ユーザとグループ」システム設定で「ユーザを追加」をクリック**

Dockやアップルメニューから「システム設定」を起動し、「ユーザとグループ」をクリックします。画面右側で「ユーザを追加」をクリックします。

ユーザ名の左横にあるアイコンにマウスカーソルを重ねると「編集」と表示されるので、クリックすると画像を選択できます。
Sonomaの持つデフォルト画像以外に、「写真」アプリで管理している画像や「Photo Booth」で撮影した画像が選択できます。また、カメラでも画像を撮影できます

02 **ロックを解除する**

パスワードを入力して、「ロックを解除」をクリックします。

03 **ユーザを追加する**

「新規ユーザ」で「通常」を選択します。

「フルネーム」に使用者の名前、「アカウント名」にログイン時に使用する名称を入力します。

「パスワード」と「確認」にログイン時に使用するパスワードを入力します。

「パスワードのヒント」には、パスワードを忘れたときのヒントを必要に応じて入力します。

最後に、「ユーザを作成」ボタンをクリックすると、新しいアカウントが追加されます。

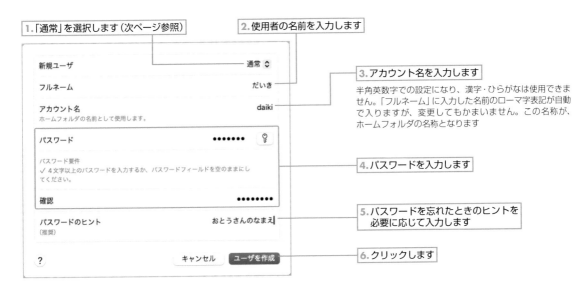

1. 「通常」を選択します（次ページ参照）

2. 使用者の名前を入力します

3. アカウント名を入力します

半角英数字での設定になり、漢字・ひらがなは使用できません。「フルネーム」に入力した名前のローマ字表記が自動で入りますが、変更してもかまいません。この名称が、ホームフォルダの名称となります

4. パスワードを入力します

5. パスワードを忘れたときのヒントを必要に応じて入力します

6. クリックします

Chapter 14　　Chapter 15　　Chapter 14

⏻ Column

パスワードアシスタント

「パスワード」の右端にある 🔑 をクリックすると、文字数やセキュリティ品質を確認しながら適当なパスワード候補を選択できます。

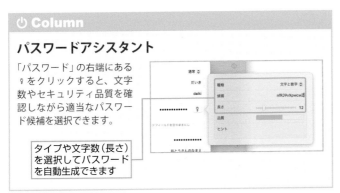

タイプや文字数（長さ）を選択してパスワードを自動生成できます

⏻ Column

アカウント名は変更できません

「フルネーム」は追加後でも変更できますが、アカウント名（ショートネーム）は変更できません。変更するには、作成したアカウントを一度削除してから、再度作成してください。

ユーザが追加されました

04 ユーザが追加された

ユーザが追加されました。

クリックしてピクチャを変更できます

⏻ Column

パスワードのヒントの表示

パスワードのヒントは、「システム設定」の「ロック画面」を選択し、「パスワードのヒントを表示」がオンの場合に表示されます。詳細は、160ページを参照ください。

「管理者」と「通常」

新規アカウント作成時には、ユーザの権限として「管理者」「通常」を選択できます。

「管理者」は、アカウントの追加などのMacのさまざまな設定ができる権限を持ちます。

「通常」はMacを使用するための権限で、システム設定の一部の機能では設定を変更できません。

通常ユーザでも、メールやSafariなどのアプリの使用に関しては、管理者との違いはありません。複数人で使用する場合、Macの設定をするユーザだけを管理者アカウントとして、追加したユーザは通常ユーザにすることをおすすめします。

> ⏻ **Column**
>
> ### 「グループ」とは
>
> 「グループ」とは、複数のユーザをまとめておく特殊なアカウントです。

⏻ **Column**

子供の使用環境を「スクリーンタイム」で管理する

子供用のアカウントを作成した際、「スクリーンタイム」を使用すると、使用時間、使用できるアプリケーション、Web、Storeなどの使用環境を制限できます。
子供用のアカウントでログインし、「システム設定」の「スクリーンタイム」を表示します。「スクリーンタイム設定をロック」を「オン」に設定し、「スクリーンタイムパスコードを使用」を入力します。
このパスコードはスクリーンタイムの設定の変更時に必要なので、子供には教えないようにします（忘れたときのために、自分のApple IDを入力できます）。

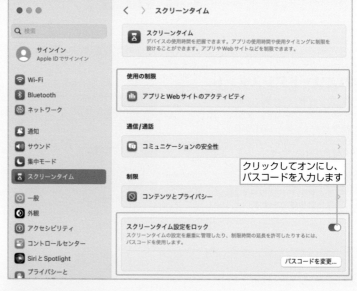

また、「アプリとWebサイトのアクティビティ」をクリックしてオンにすると、「休止時間」でアプリを使用できる時間、「アプリ使用時間の制限」で特定アプリの使用できる時間、「常に許可」で常に使用許可するアプリ、「コミュニケーションの安全性」でコンテンツの閲覧制限を設定できます。

各設定画面で制限を設定します。
「休止時間」では、使用できない時間を設定します

▶ **Section 14-2**　「システム設定」▶「ユーザとグループ」▶「ログインオプション」▶「ファストユーザスイッチ」

ログインユーザを切り替える

使用するユーザを追加して自動ログインをオフにすると、Mac起動後のログイン画面にユーザ名が表示されるようになります。また、ファストユーザスイッチを使うとユーザの切り替えをすばやく行えます。

ログイン画面

使用するユーザを追加して「自動ログイン」をオフにすると、Mac起動後のログイン画面にユーザ名が表示されるようになります（アイコンにカーソルを合わせるとすべてのユーザが表示されます）。

ログインするユーザのアイコンをクリックし、パスワードを入力してログインします。

1. Macを使用するユーザを追加すると、ログイン画面にユーザが追加されます。ログインするには、ユーザのアイコンをクリックします

2. ログインユーザのパスワードを入力して return キーを押すとログインできます

パスワードを入力して、●をクリックしてもかまいません

○ Column

自動ログインの設定

「システム設定」の「ユーザとグループ」にある「自動ログインのアカウント」で、ユーザを指定している場合は、パスワードを入れなくても指定したアカウントで自動ログインできます。
ただし、セキュリティ的に危険な状態となるので、使用することはおすすめしません。

起動後のユーザの切り替え

Macの起動後に使用するユーザを変更するには、一度ログアウトしてから、別のユーザで再ログインし直します。

ログアウト
shift + ⌘ + Q

1. 他のユーザに変更するために、一度ログアウトします

2. ログイン画面に戻るので、ユーザを選択してからログインします

ファストユーザスイッチですばやく切り替える

「ファストユーザスイッチ」を使うと、他のユーザとの変更をログアウトせずに行えるようになります。

⏻ Column

ファストユーザスイッチのオン／オフ

Dockやアップルメニューから「システム設定」を起動して、「コントロールセンター」をクリックします。
「ファストユーザスイッチ」でメニューバーの表示方法、コントロールセンターへの表示有無を設定します。

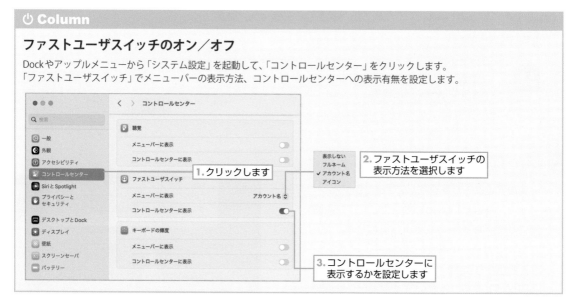

01 ファストユーザスイッチで ユーザを切り替える

ファストユーザスイッチがオンになっていると、メニューバーの右上に現在のログインユーザ名またはアイコン⦿が表示されます。
クリックすると他のユーザが表示され、選択してユーザを切り替えられます。

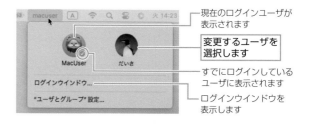

現在のログインユーザが表示されます

変更するユーザを選択します

すでにログインしているユーザに表示されます

ログインウインドウを表示します

02 ログインする

選択したユーザのログイン画面が表示されるので、パスワードを入力して return キーを押してログインします。

パスワードを入力して return キーを押します

⏻ Column

ファストユーザスイッチのメリット

ファストユーザスイッチを使ったユーザの切り替えでは、先にログインしていたユーザはログアウトしたわけではなく、バックグラウンドへ移っただけでそのまま存在しています。再度、元のユーザへ切り替えれば、切り替え前の状態から作業を続けられます。

➔ POINT

他のユーザとファイルのやり取りをするには、「ユーザ」フォルダ内の「共有」フォルダを利用してください。

▶ **Section 14-3**　「システム設定」▶「ユーザとグループ」

ログインパスワードを変更する

自分のログインパスワードはいつでも変更できます。ログインパスワードの変更は、「システム設定」の「ユーザとグループ」ウインドウで行います。

「ユーザとグループ」で変更する

ログインパスワードの変更は、「システム設定」の「ユーザとグループ」で行います。

01 「システム設定」の「ユーザとグループ」で変更するユーザを選択

Dockやアップルメニューから「システム設定」を起動し、「ユーザとグループ」をクリックします。パスワードを変更するユーザの①をクリックします。

02 「リセット」をクリック

ポップアップウインドウでパスワードの「リセット」をクリックします。
管理者ユーザは、すべてのユーザのログインパスワードを変更できます。その他のユーザは、自分のパスワードだけを変更できます。

03 パスワードを変更する

新しいパスワードを入力し、「パスワードをリセット」ボタンをクリックします。

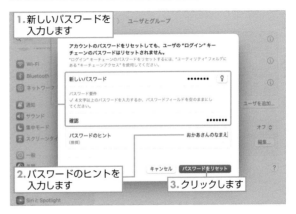

301

▶ **Section 14-4**　「システム設定」▶「ユーザとグループ」

不要なユーザアカウントを削除する

　不要なユーザアカウントは、「システム設定」の「ユーザとグループ」で削除できます。削除できるのは、管理者でログインしているユーザだけです。削除する際、削除するユーザのホームフォルダの扱いも選択できます。

01　「システム設定」の「ユーザとグループ」で削除するユーザを選択

Dockやアップルメニューから「システム設定」を起動し、「ユーザとグループ」をクリックします。削除するユーザの①をクリックします。

02　「ユーザを削除」をクリックする

ポップアップウインドウで「ユーザを削除」をクリックします。ロック解除の確認ダイアログが表示されるので、表示されている管理者ユーザのパスワードを入力して「ロックを解除」をクリックします。

03　ユーザのホームフォルダの削除方法を選択

削除するユーザのホームフォルダの削除方法を選択して、「ユーザを削除」ボタンをクリックします。

ディスクイメージファイルとして保存されます

ホームフォルダをそのまま残します

ホームフォルダを削除します

→ POINT

保存されたディスクイメージは、ユーザ名の名前で「ユーザ」フォルダ内の「削除されたユーザ」フォルダ内に保存されます。
このファイルは、ダブルクリックすると仮想ディスクとしてデスクトップにマウントされて、中のデータを利用できます。

削除されたユーザのホームフォルダのイメージファイルです。
ダブルクリックしてマウントできます

Chapter
15

システムとメンテナンス

· ·

Macを使う上で重要なことは、データのコピーを取っておくことです。ここでは、Time Machineによるバックアップやディスクの診断、macOS Sonomaの再インストールなどについて解説します。

▶ **Section 15-1**　「移動」メニュー ▶「ユーティリティ」フォルダ ▶「ディスクユーティリティ」▶「First Aid」パネル

First Aidでディスクを診断する

「ディスクユーティリティ」の「First Aid」を使うと、ディスクやアクセス権がおかしくなったりしたときの検証と修復が可能です。Macの挙動がおかしいと感じたら、最初に検証を行い、その結果によって修復するといいでしょう。

01 「ディスクユーティリティ」を起動する

Finderウインドウで「ユーティリティ」フォルダを表示し、「ディスクユーティリティ」をダブルクリックします。

ShortCut

「ユーティリティ」フォルダを表示(Finder)
shift + ⌘ + U

02 First Aidで検証・修復する

「ディスクユーティリティ」が起動したら、検証するドライブやボリューム(パーティション)を選択し、「First Aid」をクリックします。

→ POINT

Sonomaでは、OS関係のファイルが「Macintosh HD」に、データ類のファイルは「Macintosh HD-Data」にボリュームが分割されて保存されています。

⏻ Column

起動ディスクの修復

起動ディスク(通常は「Macintosh HD」)を検証し、「修復する必要があります」と表示された場合は、「macOS復旧」から起動してから「ディスクユーティリティ」の「First Aid」を実行してください。

03 「実行」をクリックする

「First Aidを実行しますか?」と表示されるので、「実行」ボタンをクリックします。

起動ディスクが対象の場合は、コンピュータが応答を停止する旨のダイアログボックスが表示されるので、「続ける」ボタンをクリックします。

クリックします

04 完了結果を確認する

「詳細を表示」をクリックすると、検証結果が表示されます。

クリックして検証結果
を表示します

"**Macintosh HD - Data**" で **First Aid を実行中**

起動ボリュームの検証中、このコンピュータは応答を停止します。この状態は数分または数時間続くことがあります。

First Aid プロセスが完了しました。続けるには、"完了"をクリックします。

〉 詳細を非表示

ファイルキーローリングツリーをチェック中です。
ボリュームオブジェクトマップ空間を検証中です。
割り当てられた領域を検証しています。
UUIDが1C27D941-C3A2-4E04-9F12-05793C402202のボリューム "/dev/rdisk3s1" は問題ないようです。
ファイルシステム検査の終了コードは0です。
マウント済みとして検出されたときの状態を復元中。

操作が完了しました。

完了

Chapter 15   Chapter 16

▶ **Section 15-2**　　「システム設定」▶「一般」▶「ソフトウェアアップデート」

ソフトウェアアップデートの設定

 macOSのアップデートの通知やアップデートの実行、自動でアップデートする項目を設定します。

「システム設定」の「ソフトウェアアップデート」を開く

　macOSは絶えず細かな修正を続けており、最新版が完成するとインターネット経由で配布されます。Macではソフトウェアの最新版を「アップデート」といいます。

　「システム設定」の「ソフトウェアアップデート」ウインドウでは、アップデートの有無のチェックや自動でダウンロードするかどうかを設定できます。

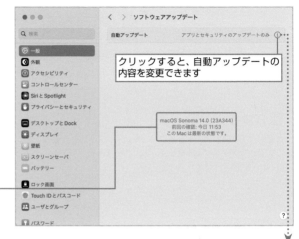

クリックすると、自動アップデートの内容を変更できます

現在の状態が表示されます。アップデートがあるときはここに表示され、「今すぐ再起動」ボタンをクリックしてアップデートできます

アップデートの有無をインターネットを通して確認します

新しいアップデートがある場合は、自動でダウンロードします

macOSアップデートをインストールします

App Storeからのアプリケーションのアップデートをインストールします

システムデータとセキュリティアップデートのみインストールします

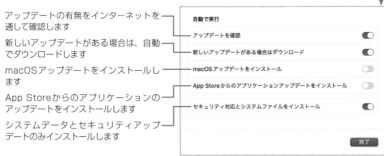

→ POINT

インターネットに接続している環境でインストールしていない「ソフトウェアアップデート」がある場合には、「システム設定」やDockに通知として、その旨が表示されます。

▶ **Section 15-3** 「システム設定」▶「一般」▶「Time Machine」

Time Machineでバックアップする

 Time Machineは、外付けディスクにMacのすべてのファイルをバックアップとしてコピーし、誤って削除したファイルやフォルダを元に戻せる機能です。難しい設定は不要で、外付けディスクを接続するだけでほぼ設定が完了します。

Time Machineでバックアップ

Time Machineでバックアップを行うには、USB、またはLAN接続のディスクを使用します。

Time Machineバックアップは、「システム設定」の「一般」から「Time Machine」を選択して設定します。

01 Time Machineをオンにする

Dockやアップルメニューから「システム設定」を起動し、「一般」から「Time Machine」をクリックします。

02 「バックアップディスクを追加」をクリック

「バックアップディスクを追加」をクリックします。

03 ディスクを選択

ポップアップウインドウでTime Machineに使用する外付けディスクを選択して、「ディスクを設定」をクリックします。

クリックします

04 暗号化やパスワードを設定

「バックアップを暗号化」で暗号化するかを設定します。暗号化する場合は、パスワードとパスワードを忘れた場合のヒントを設定します。
「ディスク使用率の制限」で「なし」を選択するとディスク容量いっぱいバックアップで使用します。「カスタム」を選択すると、ディスク内のどの程度の容量をバックアップに利用できるかを設定できます。

暗号化するかを設定します

ディスクの使用率を設定します

暗号化する場合のパスワード、ヒントを登録します

Column

バックアップを暗号化

「バックアップを暗号化」をチェックすると、バックアップディスク全体が暗号化されます。
暗号化されたバックアップ用ディスクを接続する際には、暗号化パスワードが必要になります。
暗号化を解除するには、Finderで外付けディスクを control +クリック（または右クリック）して、「復号」を選択します。

05 設定完了

指定した外付けディスクがTime Machineバックアップディスクとなりました。60秒後に自動的にバックアップが始まります。

06 バックアップ完了

バックアップが終了すると、通知されます。

通知されます

Chapter 16

⏻ Column

メニューバーの表示

メニューバーにTime Machineを表示するかの設定は、「システム設定」の「コントロールセンター」で設定できます。

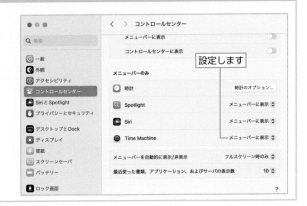

設定します

⏻ Column

最初は時間がかかります

最初のバックアップはシステムを含めたMac全体をバックアップするので、かなりの時間がかかります。

➡ POINT

Time Machineバックアップ用の外付けHDDのアイコンは、色が緑色になります。

⏻ Column

専用ディスクを用意しよう

Time Machineによるバックアップは、Macのすべてのファイルをバックアップするため、かなりの容量を必要とするので、専用の外付けディスクを使用することをおすすめします。なお、Windows用フォーマットの外付けディスクも使用できます。

⏻ Column

すぐにバックアップする

メニューバーの⏱をクリックして、「今すぐバックアップを作成」を選択すると、すぐにバックアップを作成できます。
また、バックアップを中断するには、同様に「このバックアップ作成をスキップ」を選択します。

選択すると、すぐにバックアップを開始できます

バックアップディスクがなくてもバックアップされる

macOS Sonomaの Time Machineは、バックアップ用の外付けディスクが接続されていないときでも、バックアップデータを内蔵ディスクに保管します。それらのデータは、バックアップディスクを接続すると、タイムラインに沿ってバックアップディスクにコピーされます。そのため、バックアップディスクが接続されていなかったときのデータもバックアップされます。

バックアップ頻度やバックアップから除外する項目の設定

Macのすべての項目をバックアップすると、外付けディスクの容量がいくらあっても足りません。

バックアップが不要なドライブやフォルダがある場合は、オプション設定でバックアップ項目から除外できます。

「バックアップ頻度」では、バックアップの頻度を設定できます。

1.クリックします

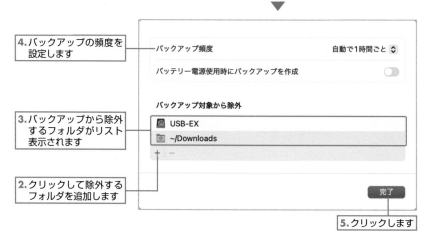

4.バックアップの頻度を設定します

3.バックアップから除外するフォルダがリスト表示されます

2.クリックして除外するフォルダを追加します

5.クリックします

▶ **Section 15-4**　メニューバー ▶「Time Machineバックアップをブラウズ」

Time Machineでバックアップから復元する

 Time Machineでは、外付けディスクにバックアップしたファイルを、現在の作業環境にコピーできます。バックアップされていれば、誤って削除したファイルやフォルダを復元できます。また、作業して内容を変更したファイルでも、前の状態が残っていれば現在の環境にコピーして開けます。

01 Time Machineに入る

メニューバーの①をクリックして、「Time Machine バックアップをブラウズ」を選択します。

1.「Time Machineバックアップをブラウズ」を選択します

02 復元したいファイルを探す

画面右側にバックアップしたタイムラインが表示されます。直接タイムラインをクリックするか、矢印をクリックすると、以前のフォルダの状態が表示されるので、復元したいファイルを探します。
Finderウィンドウは、他のフォルダに移ることもできます。

クリックして、バックアップ日時を指定できます

クリックすると、前回変更が加えられた際のフォルダの内容が表示されます

03 ファイルを復元する

復元するファイルやフォルダを選択して、「復元」ボタンをクリックすると、選択したファイルが復元されます。

2.復元するファイルやフォルダを選択します

3.クリックします

▶ POINT

ファイルの復元先フォルダーがない場合、ポップアップが表示されます。「保存場所を選択」をクリックして保存先を選択してください。
また、同じファイル名でも前の状態のファイルを復元する場合は、どちらを残すかまたは両方残すかを選択してください。

クリックして復元先を選択

"CCC2023-18.png"を内包しているフォルダが元の場所にありません。内包しているフォルダを再作成するか、新しい復元先を選択できます。

内包しているフォルダを再作成

保存場所を選択...

キャンセル

拡張子が".rtf"の、"Mac不調なときの復旧手順のコピー2"という名前の項目がすでにこの場所にあります。現在復元中の項目で置き換えますか?

オリジナルを残す　両方とも残す　置き換える

4.復元されます

「macOS復旧」を使う

 macOS Sonomaにはディスク上の見えない領域に「macOS復旧」を起動するためのドライブがあり、macOS Sonomaの再インストールや起動ディスクの修復などが行えます。

「macOS復旧」から起動する

01 「macOS復旧」を起動する

Apple Silicon Macでは、ノート型はTouch IDボタン、デスクトップ型は電源ボタンを長押し、オプションを選択して「続ける」をクリックします。

> **→ POINT**
>
> Intel Macでは、Macを再起動し、[⌘]キーと[R]キーを押したままにします。アップルマークが表示されたら、キーを放します。

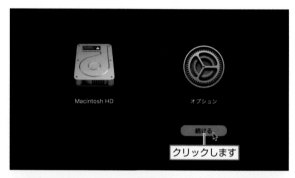

02 管理者ユーザを選択

管理者ユーザをクリックして選択し、「次へ」をクリックします。
この画面は、表示されないこともあります。手順04に進んでください。

03 パスワードを入力

管理者ユーザのパスワードを入力して、「続ける」をクリックします。

04 「macOS復旧」のメニュー画面が表示される

「macOS復旧」の画面が表示されます。この画面では、Time Machineからのデータの復元、macOSの再インストール、「ディスクユーティリティ」による起動用ドライブのメンテナンスが可能です。この画面を終了するには、アップルメニューから「終了」を選択します。「再起動」を選択すると、通常のMacの画面で再起動します。

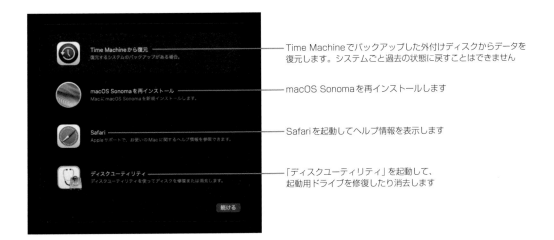

Time Machineでバックアップした外付けディスクからデータを復元します。システムごと過去の状態に戻すことはできません

macOS Sonomaを再インストールします

Safariを起動してヘルプ情報を表示します

「ディスクユーティリティ」を起動して、起動用ドライブを修復したり消去します

⏻ Column

Time Machineから復元

「Time Machineから復元」は、Time Machineでバックアップした外付けディスクからOSやアプリケーションごと過去の状態に戻すための機能でした。しかし、Big Surからはデータを保存している「Macintosh HD-Data」のみが表示され、実質OSごと復元することはできなくなりました。

もし、システムごと以前のバージョンに戻したいのであれば、以前のOSのインストールが必要となります。おおまかな手順は下記の通りです。

1. 戻したいOSのインストーラを作る（319ページ参照）
2. 新規ボリュームを作成する（314ページ参照）
3. インストーラから起動して、2で作成したOSをインストールする
4. インストール後にTime Machineバックアップした外付けディスクから「移行アシスタント」を使ってデータを戻す

上記の手順で戻しても、以前と同じ環境に戻るわけではないので、ご注意ください。

▶ **Section 15-6**　「移動」メニュー ▶「ユーティリティ」フォルダ ▶「ディスクユーティリティ」

ボリュームとパーティションの作成

容量の大きなディスクは、いくつかに分割して複数のディスクとして利用できます。作成は「ディスクユーティリティ」を使います。

ボリュームとパーティション

　ハードディスク内に論理的に新しいディスクを作成することを「ボリュームを作成する」、物理的にディスクの領域を分割することを「パーティションを作成する」といいます。分割してできたディスクもボリュームといいます。また、ハードディスクのことを「ドライブ」といいます。独立したハードディスクとして認識されるので、ボリューム単位で初期化できるメリットがあります。

ボリュームの作成

　Sonomaでは、簡単にボリュームを作成できます。

01 ディスクユーティリティを起動する

Finderの「移動」メニューから「ユーティリティ」を選択します。Finderウインドウの「ユーティリティ」フォルダから「ディスクユーティリティ」をダブルクリックして起動します。

02 コンテナを選択して＋をクリック

「表示」アイコンをクリックして、「すべてのデバイスを表示する」を選択します。
左側にMacに接続されているハードディスクやUSBメモリが表示されます。一番上の「内蔵」に表示されているのは、内蔵ディスクです。「コンテナ」を選択して、ボリュームの＋をクリックします。

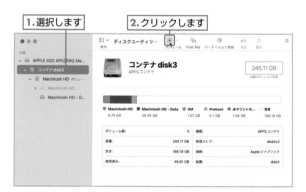

03 ボリューム名を入力して「追加」

「名前」にボリューム名称を入力して、「追加」ボタン
をクリックします。

04 「完了」をクリック

ボリュームが作成されたら、「完了」ボタンをクリッ
クします。

05 追加された

ボリュームが追加されました。

1.入力します
サイズを設定するには
クリックして指定します
2.クリックします

クリックします

ボリュームを選択してクリックすると、削除できます

追加されました

内蔵ディスクとして表示されます

パーティションの作成

論理ボリュームでなく、物理的にドライブを分割するパーティションによるボリュームも作成できます。

01 ディスクを選択してパーティションを追加する

「ディスクユーティリティ」を起動します。
左側でパーティションを作成するドライブを選択し、右側の「パーティション作成」ボタン🕙をクリックします。

2. クリックします

1. 外付けディスクを選択します

> **⏻ Column**
>
> ### 起動ディスクのパーティションを変更する
>
> 起動ディスクのドライブのパーティションを作成するには、再起動時に ⌘ + R キーを押して「macOS復旧」から起動し、「macOS ユーティリティ」の「ディスクユーティリティ」を使ってください。

02 ＋をクリックする

現在のパーティションレイアウトが表示されるので、＋をクリックしてパーティションを追加します。
「APFS」フォーマットのディスクの場合、ポップアップ画面が表示されるので、「パーティションを追加」をクリックします。

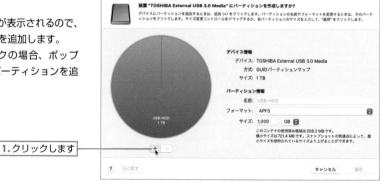

1. クリックします

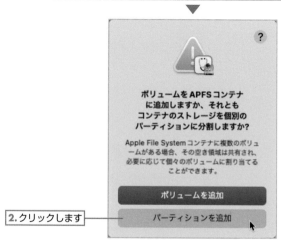

2. クリックします

03 サイズやフォーマットを設定して適用する

初期状態は等分割されますが、円周上の小さな円をドラッグしてサイズを変更できます。

また、分割したパーティションをクリックして選択すると（青く表示される）、名称やフォーマットを設定できます。

両方のパーティションの名称やフォーマットが決まったら、「適用」ボタンをクリックします。

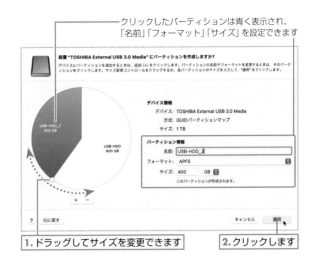

クリックしたパーティションは青く表示され、
「名前」「フォーマット」「サイズ」を設定できます

1.ドラッグしてサイズを変更できます

2.クリックします

04 ダイアログが表示されるので、「パーティション作成」をクリック

確認のダイアログボックスが表示されるので、「パーティション作成」ボタンをクリックします。

クリックします

05 「完了」をクリック

パーティション分割が終了したら、「完了」ボタンをクリックします。

クリックします

06 パーティションに分割された

指定したパーティションに分割されました。

→ POINT

追加したパーティションを削除して、元に戻すことができます。分割と同じ手順でパーティションの設定画面を開き、削除したいボリュームを選択して−をクリックします。

⏻ Column

ボリュームの初期化

パーティションを作成したボリュームは、ボリュームごとに個別に初期化できます。「ディスクユーティリティ」の左側にあるドライブ一覧でボリュームを選択してから、「消去」ボタン⊖をクリックして消去してください。

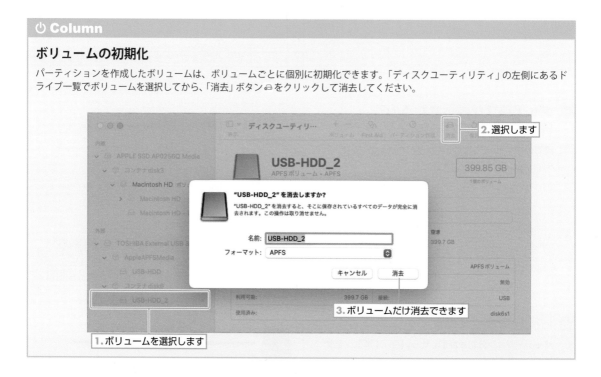

▶ **Section 15-7**　インストーラ /「ディスクユーティリティ」/「ターミナル」

起動可能なUSBインストーラディスクを作成する

USBメモリを使って、起動可能なmacOSのインストーラを作成できます。「macOS復旧」も利用できるので、作っておくと便利です。

インストーラを作成する

01 macOSをダウンロードする

App StoreからmacOSをダウンロードします（18ページ参照）。インストーラが起動しても実行しないで、「ファイル」メニューの「macOSインストールを終了」を選択して終了してください。
インストーラは、「アプリケーション」フォルダに残しておいてください。

クリックしてインストーラをダウンロードします

> **→ POINT**
>
> Sonomaだけでなく、Ventura、Monterey、High Sierra、Mojave、Catalina、Big Surも同様にダウンロードしてインストーラを作成できます。
> 詳細は、Appleのサイトで「macos□起動可能□インストーラ」（□はスペースを入力）で検索してください。

起動可能なUSBインストーラディスクの作成方法が記述されています

Chapter 15

02 USBメモリをフォーマット

16GB以上のUSBメモリを用意し、「ディスクユーティリティ」を使用して、「フォーマット」を「Mac OS 拡張（ジャーナリング）」、「方式」を「GUIDパーティションマップ」、「名前」を「USB」に設定して初期化します。
USBメモリはMacに直接接続できるタイプを推奨します。

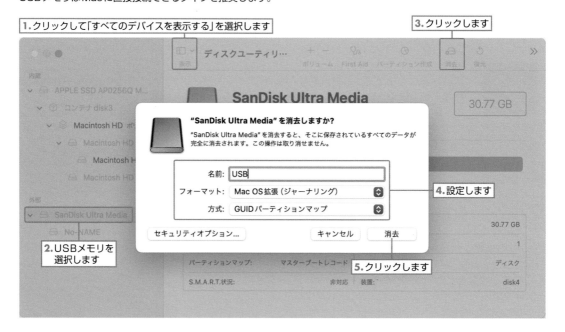

03 作成コマンドを作る

Webサイトを参考にして、インストーラを作成するコマンドを作成します。
「テキストエディット」で正しいコマンドを作成するとよいでしょう。
Sonomaの場合は、以下のようになります（□：半角スペース、＼：バックスラッシュ）。

sudo□/Applications/Install＼□macOS＼□Sonoma.app/Contents/Resources/createinstallmedia□--volume□/Volumes/USB

> 02でフォーマットしたUSBメモリの
> 名前に変更します

04 「ターミナル」でコマンドを実行

「Launchpad」を起動して、「その他」から「ターミナル」を起動します。作成したコマンドをコピー＆ペーストして return キーを押します。あとは、表示に従って進めてください。

英文ですが、管理者パスワード（ログインパスワード）を入力して return キーを押し、続いて Y キーを押して return キーを押します。ポップアップウインドウが表示されたら「OK」をクリックします。

1. 03 で作成したコマンドをコピーします

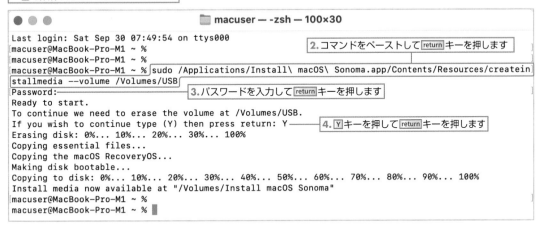

```
Last login: Sat Sep 30 07:49:54 on ttys000
macuser@MacBook-Pro-M1 ~ %
macuser@MacBook-Pro-M1 ~ %
macuser@MacBook-Pro-M1 ~ % sudo /Applications/Install\ macOS\ Sonoma.app/Contents/Resources/createin
stallmedia --volume /Volumes/USB
Password:
Ready to start.
To continue we need to erase the volume at /Volumes/USB.
If you wish to continue type (Y) then press return: Y
Erasing disk: 0%... 10%... 20%... 30%... 100%
Copying essential files...
Copying the macOS RecoveryOS...
Making disk bootable...
Copying to disk: 0%... 10%... 20%... 30%... 40%... 50%... 60%... 70%... 80%... 90%... 100%
Install media now available at "/Volumes/Install macOS Sonoma"
macuser@MacBook-Pro-M1 ~ %
macuser@MacBook-Pro-M1 ~ %
```

2. コマンドをペーストして return キーを押します

3. パスワードを入力して return キーを押します

4. Y キーを押して return キーを押します

作成された
USBインストーラ

Install macOS
Sonoma

→ POINT

作成途中でポップアップウインドウが表示されたら、「OK」をクリックしてください。

"ターミナル"からリムーバブルボリューム上のファイルにアクセスしようとしています。

許可しない　　OK

クリックします

USBインストーラから起動する

作成したUSBディスクは、Apple Silicon Macは、Touch IDボタンまたは電源ボタンを長押しし、起動ディスクとして選択します。Intel Macは、起動時に control キーを押して起動ディスクとして選択します。

USBインストーラで起動すると、インストーラが起動します。インストーラを終了すると「macOS復旧」のメニューに戻るので、「ディスクユーティリティ」を利用して内蔵ディスクの初期化などが行えます。

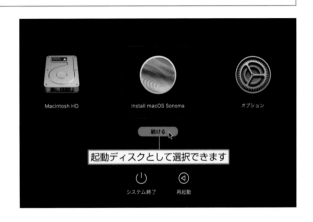

Macintosh HD　　Install macOS Sonoma　　オプション

続ける

起動ディスクとして選択できます

システム終了　　再起動

▶ **Section 15-8**　　再起動 ▶「macOS復旧」▶「ディスクユーティリティ」

OSを再インストールする

「macOS復旧」を使うと、macOS Sonomaを再インストールできます。現在の起動ディスクを初期化して完全に新しくインストールすることも可能です。必ず、現在のデータをバックアップしてから行ってください。

現在のOSに上書きインストールする

現在のOSに上書きインストールする方法です。OSだけの再インストールとなるので、データはそのまま残ります。

⏻ Column

ダウンロードしたインストーラでもインストール可能

上書きインストールであれば、「macOS復旧」を使わなくてもインストーラを使って再インストールできます。App StoreからmacOS Sonomaをダウンロードします（18ページ参照）。インストーラが起動したら、内蔵ディスク（Macintosh HD）にインストールしてください。手順は、「macOS復旧」からのインストールと同じです。

1. 「macOS復旧」を起動します

2. 「macOS Sonomaを再インストール」を選択します

3. 「続ける」をクリックします

5. 「同意する」をクリックします

6. 「同意する」をクリックします

4. 「続ける」をクリックします

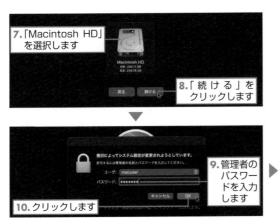

7.「Macintosh HD」を選択します

8.「続ける」をクリックします

9.管理者のパスワードを入力します

10.クリックします

11.インストールが始まります

ディスクを初期化して再インストール

ディスクを初期化して、完全に新しくインストールする方法です。319ページを参照して、Sonomaのインストーラを作成してから作業すると効率的です。

● ディスクを初期化する

312ページを参照して「macOS復旧」を起動し、「ディスクユーティリティ」で起動ボリュームを初期化します。

1.「macOS復旧」から起動します

2.選択します

3.クリックします

⏻ Column

データのバックアップを取っておこう

実行する前に、Time Machineを使って完全なバックアップを作成しておいてください。また、念のために必要データは、Time Machineとは別に手動でバックアップコピーしておくと安全です。

5.ディスクを選択します

4.クリックして「すべてのデバイスを表示する」を選択します

6.「消去」をクリックします

7.クリックします

8.クリックします

9.クリックするとMacが再起動します。「Macをアクティベート」に進んでください

● Macをアクティベート

　再起動後、画面に従って進んでください。「Recovery Assistant」メニューから「Change Language」を選択し、「日本語」を選択（矢印キーを使って選択）すると、日本語表記に変更できます。

　MacとApple IDのリンクを確認するアクティベーション画面が表示されたら、インターネット接続が必要です。Wi-Fi（右上の■をクリックして接続）またはEthernetケーブルで接続してください。

　Apple IDとパスワードが求められたら、画面に表示されたApple IDとパスワードを入力してください。

1.この画面が表示されたら、Wi-FiかEthernetを使ってインターネットに接続します

2.この画面が表示されたら、表示されたApple IDと、そのパスワードを入力します

⏻ Column

有線キーボードとマウス

Bluetooth接続のApple純正のキーボードとマウスを利用している場合、Macの再起動後にキーボードとマウスが検出されず、画面が先に進まないことがあります。接続されるまでお待ちください。接続されない場合は、キーボードやマウスの電源ボタンをオン／オフしてみてください。
USB-LightningケーブルがあるならキーボードとMacをケーブルで接続してみてください。
それでも認識しない場合は、USBケーブル接続のキーボードとマウスを用意して接続してみてください。Apple純正である必要はありません。Windows用で大丈夫です。

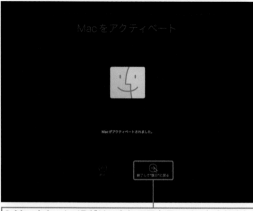

3.MacとApple IDがリンクしてアクティベートされました。「終了して"復旧"に戻る」をクリックします

「macOS復旧」の画面に戻ります。「macOS Sonomaを再インストール」をクリックして、再インストールしてください。

Macによっては、再インストールするOSがSonomaにならない場合があります。その場合は、表示されたOSを選択してインストールしてから、Sonomaにアップグレードしてください。

SonomaのUSBインストーラを作成済みの場合は、アップルメニューから「システム終了」を選択して一度Macを終了し、この後の「Sonomaインストーラから再インストールする」を参考に、USBインストーラから起動してSonoma をインストールしてください。

● Sonomaインストーラから再インストールする

SonomaのUSBインストーラをMacに装着し、Apple Silicon Macは、Touch IDボタンまたは電源ボタンを長押しして起動します。Intel Macは、起動時に control キーを押して起動します。

起動ディスクの選択画面が表示されたら、「Sonomaインストーラ」を選択して起動してください。

この後は、画面に従ってインストールします。322ページの「現在のOSに上書きインストールする」を参照ください。

⏻ Column

「移行アシスタント」でデータを転送する

新しいシステムで起動したあとからでも、Time Machineバックアップから情報を転送できます。
「ユーティリティ」フォルダにある「移行アシスタント」を使って、Time Machineバックアップから情報を転送してください。

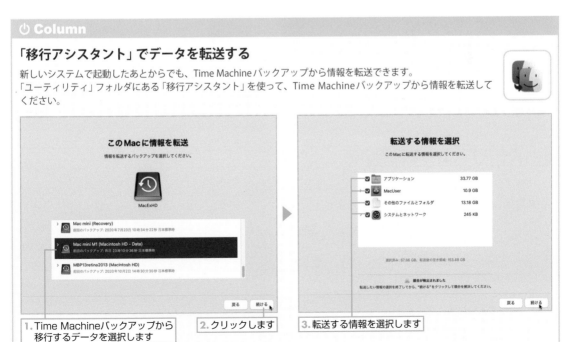

▶Section 15-9 Apple ID /「パスワードをリセット」/

Apple IDによるログインパスワードのリセット

 Macのログインパスワードを忘れてしまうと、Macを利用できません。データを取り出すこともできません。Apple IDでサインインしていれば、Apple IDとApple IDのパスワードを使い、Macのログインパスワードをリセットできます。

Apple IDでサインインしておく

Macのログインパスワードを忘れたときのために、Apple IDにサインインしておきましょう（25ページ参照）。

Apple IDでサインインしておく

→ POINT

Apple IDとパスワードは、忘れないようにしてください。

⏻ Column

Apple IDでのパスワードリセットの許可

「システム設定」の「ユーザとグループ」でアカウントの①をクリックして、「Apple IDを使用してパスワードをリセットすることを許可」をオンにしておくと、リセット操作が簡単になります。

1.クリックします

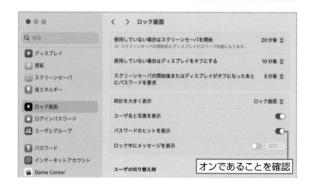

2.オンにします

パスワードヒントを表示する

パスワードを忘れたことに備えて、ヒントを設定し、表示できるようにしておきましょう。

01 ヒント表示の設定確認

「システム設定」の「ロック画面」を選択し、「パスワードのヒントを表示」がオンであることを確認します。オフならオンにしてください。

オンであることを確認

02 ヒント表示できるか確認

一度ログアウトし、パスワードの入力欄の右に表示される●をクリックし、パスワードのヒントが表示されることを確認します。

2. ヒントを確認します

1. クリックします

⏻ Column

ヒントが表示されない場合

パスワードヒント表示をオンにしたのに、ヒントが表示されない場合は、パスワードのヒントを入力していません。「システム設定」の「ログインパスワード」または「Touch IDとパスコード」を選択し、「変更」をクリックしてパスワードの再設定と一緒にヒントを入力してください。再設定するパスワードは、前のパスワードと同じで大丈夫です。

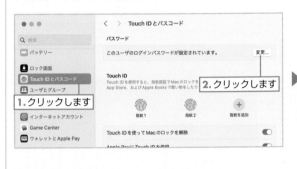

1. クリックします
2. クリックします

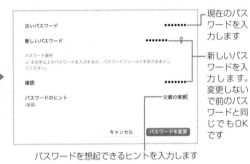

現在のパスワードを入力します

新しいパスワードを入力します。変更しないで前のパスワードと同じでもOKです

パスワードを想起できるヒントを入力します

リセットの手順

（「Apple ID を使用してパスワードをリセットすることを許可」が有効な場合）

「システム設定」の「ユーザとグループ」で「Apple IDを使用してパスワードをリセットすることを許可」がオンの場合のリセット手順です。

ログイン画面でパスワードを何度か間違えると、ポップアップが表示されます。「Apple IDを使ってリセットできます」をクリックします。

➡ POINT

説明での手順は、リセットに成功した操作例です。お使いのMacの使用環境によってはリセットできない可能性もあります。もしもリセットできない場合は、Appleにお問い合わせください。

● ログイン画面での操作

1. クリックします

2. MacでサインインしたApple IDを入力します
3. Apple IDのパスワードを入力します
4. クリックします

5. クリックします

Chapter 15

327

●パスワードのリセット

再起動後に「パスワードをリセット」画面が
表示されます。画面に従ってリセットしてく
ださい。

> **→ POINT**
>
> 「パスワードが分かっている管理者ユーザを選択」
> 画面が表示された場合は、「すべてのパスワードを
> お忘れですか」をクリックしてください。

1. クリックします

2. クリックします

3. 上に表示されたApple IDを入力します ※この画面は表示され
ない場合もあります

4. Apple IDのパスワードを入力します

5. クリックします

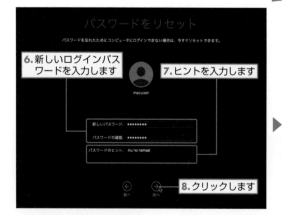

6. 新しいログインパスワードを入力します

7. ヒントを入力します

8. クリックします

> **→ POINT**
>
> 複数のユーザで利用している場合、すべてのユーザの
> パスワードを変更する必要があります。

9. 表示されたらリセット完了です

10. クリックします

> **→ POINT**
>
> 画面右下に「終了してmacOS復旧に戻る」と表示された
> 場合は、クリックして「macOS復旧」の画面に戻り、左上
> のアップルメニューから「再起動」を選択してください。

▶ **Section 15-10** macOSユーティリティ / 「システム設定」▶「一般」▶「起動ディスク」

外付けディスクから起動する

Macは、外付けディスクにOSをインストールすれば、外付けディスクからも起動できます。外付けディスクとしては、USB接続であればWindows用として販売されている製品でも問題ありません。

macOS Sonomaの外付けディスクへのインストール

312ページを参考にして外付けディスクを装着した状態で「macOS復旧」を起動し、「macOS Sonomaを再インストール」を選択します。外付けディスクは、GUIDパーティションで初期化しておいてください (133ページ参照)。

途中でインストールするディスクの選択画面が表示されるので、外付けディスクを選択してインストールしてください。

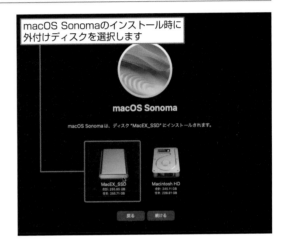

macOS Sonomaのインストール時に外付けディスクを選択します

→ **POINT**

App Storeからダウンロードしたインストーラや、USBインストーラからでもインストールできます。

⏻ **Column**

Intel Mac 起動時のキーコンビネーション

Intel Macは、起動時に特定のキーを押すことで、さまざまな機能が利用できます。トラブルの解決時などに利用してください。

D キー	⌘ + S キー
「Apple Hardware Test」または「Apple Diagnosticsユーティリティ」を起動して、ハードウェアのテストを行います。option + D キーを使って、インターネット経由でこれらのユーティリティから起動します。	シングルユーザモードで起動します。
	⌘ + V キー
	verboseモードで起動します。
N キー	⌘ + R キー
NetBootサーバが利用できる場合、そこから起動します。Apple T2チップを搭載したMacは、この起動キーには対応していません。	内蔵の「macOS復旧」から起動します。option + ⌘ + R キー (または shift + option + ⌘ + R キー) でインターネット経由でmacOSユーティリティを起動します。
T キー	option + ⌘ + P + R キー
ターゲットディスクモードで起動します。	NVRAM (またはPRAM) をリセットします。ファームウェアパスワードを使っている場合は、このキーコンビネーションは無視されるか、またはmacOSユーティリティから起動します。NVRAMをリセットするには、先にファームウェアパスワードを無効にしておいてください。
shift キー	
セーフモードで起動します。	
option キー	イジェクト (F12)、マウスボタン、またはトラックパッドボタン
起動ディスク選択します。	リムーバブルメディア (光学式ディスクなど) を取り出します。

329

外付けディスクからの起動

外付けディスクから起動するには、「システム設定」の「一般」から「起動ディスク」を選択します。

01 「システム設定」から「起動ディスク」を選択

Dockやアップルメニューから「システム設定」を起動し、「一般」から「起動ディスク」を選択します。
ポップアップウインドウが表示されるので、パスワードを入力し、「ロックを解除」をクリックしてウインドウを閉じます。
[再起動] をクリックします。

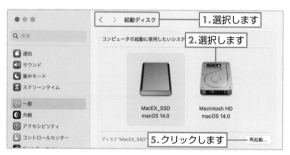

02 「再起動」をクリック

ポップアップウインドウが表示されるので、「再起動」ボタンを
クリックすると、外付けディスクから再起動します。

→ POINT

外付けディスクの起動は、インストールに使用したMacではない他のMacでは起動できないことがあります。

⏻ Column

外付けディスクから起動できない場合

Apple T2チップを搭載したIntel Macでは、外付けディスクを起動ディスクに選択しても、起動できない、または起動時に使用できないとの警告が表示されることがあります。
外付けディスクから起動したいときは、⌘キーとRキーを押しながら再起動して「macOS復旧」から起動し、「ユーティリティ」メニューから「起動セキュリティユーティリティ」を選択します。
「起動セキュリティユーティリティ」が起動するので、「外部起動」にある「外部メディアまたはリムーバブルメディアからの起動を許可」を選択してください。

T2チップ搭載Macで、外付けディスクを起動ディスクに選択した際に表示された警告

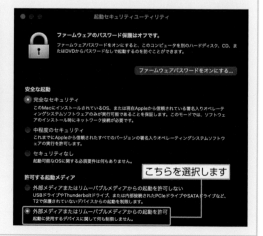

▶ **Section 15-11**　「システム設定」▶「一般」▶「ストレージ」

ストレージの管理

Macを長く使っていくと、内蔵ディスクには多くのデータが貯まっていきます。内蔵ディスクの空き容量が少なくなると、パフォーマンスが落ちたり、必要なデータが保存できなくなります。ストレージの管理方法を覚えておきましょう。

01 「ストレージ」を選択

「システム設定」の「一般」を選択し、「ストレージ」を選択します。

02 オプションを選択

現在の起動ディスクの容量と利用状況がグラフで表示されます。
必要なオプションを設定します。

利用状況が表示されます　　すべてのボリュームをグラフ表示します

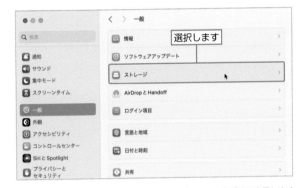

「TV」アプリでダウンロードした映画やテレビ番組のデータを自動で削除します。いつでも再ダウンロードできます

30日過ぎたゴミ箱のデータは自動で消去します

iCloudにデータを保存します

03 種類ごとの使用サイズを確認

画面下部にアプリなどの種類ごとの使用サイズが表示されます。ここで、どのアプリでデータが使われているかを確認できます。
「書類」にアプリで作成したりダウンロードしたりしたデータが入っているので、ここで不要なファイルを確認しましょう。「書類」の①をクリックします。

アプリやシステムの種類ごとに
使用サイズが表示されます

04 不要なファイルを見つける

「大きいファイル」をクリックすると、「書類」の中で
サイズの大きなファイルがリスト表示されます。こ
のリストから不要なファイルを見つけましょう。
特にファイルサイズが大きいファイル、2つ表示さ
れているファイルなどをチェックします。

05 ファイルを削除する

削除してもよいデータを ⌘ キーを押しながらク
リックして選択し、「削除」ボタンをクリックします。

06 削除を実行

ここでの削除は「ゴミ箱」に入らずに、すぐに削除さ
れます。本当に削除してよい場合は、「削除」ボタン
をクリックします。

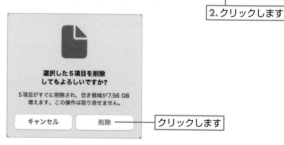

07 削除された

選択したファイルが削除されました。

その他の設定

· ·

Macはとても使いやすいコンピュータですが、知っておくと便利な
機能があります。ここでは、パスワードの管理のキーチェーンアク
セスや、アプリのアクセス管理、さらにはアクセシビリティについて
説明します。

「移動」メニュー ▶「ユーティリティ」フォルダ ▶「キーチェーンアクセス」

キーチェーンでパスワードを管理する

 Macを使い続けると、パスワードを入力する機会が増えますが、どのパスワードを入力すればいいのかわからなくなることがあります。macOSには「キーチェーン」というパスワードをまとめる機能があり、パスワードをキーチェーンに登録すれば、キーチェーンパスワードを覚えておくだけで大丈夫です。

キーチェーンとは

メールの送受信や他のMacの画面共有など、さまざまな場面でパスワードが必要となります。

macOSでは、Webサイト用のパスワードは、システム設定の「パスワード」で管理できますが、それ以外のパスワードを「キーチェーン」というマスターキーのような機能に登録できます。

すべてのパスワードを覚えておかなくても、キーチェーンのパスワードさえ覚えておけば、登録したパスワードを入力する必要はありません。キーチェーンのパスワードは、ログイン時のパスワードになるため、ほとんど気にする必要もありません。

キーチェーンに登録したパスワードを忘れてしまっても、キーチェーンアクセスというアプリで表示できます。

キーチェーン
ログイン時のパスワードがデフォルトパスワード

パスワードが必要な項目	パスワード
iCloudへの接続	abcde1234567
他のMacへの接続	log55hera
メール接続のパスワード	123abc987
SNSへのログイン	fri999end

⏻ Column

Webサイトのパスワード

Safafiで登録したWebサイトのログインパスワードも、キーチェーンに保存されますが、Safariの「設定」画面の「パスワード」(195ページ参照)、または「システム設定」の「パスワード」と連動しています。Webサイトのパスワードは、Safariの「設定」画面の「パスワード」、または「システム設定」の「パスワード」で管理してください。

● 各種パスワードをキーチェーンに登録すると、次回からは登録したパスワードが自動で入力されます
● キーチェーンがロックされている場合、キーチェーンのパスワードを入力しないと、登録されたパスワードは自動入力されません
● キーチェーンのパスワードは、デフォルトはログイン時のパスワードです。変更も可能です
● 通常、キーチェーンはロックされませんが、一定時間経過したり、スリープ復帰後はロックするように設定できます

パスワードのキーチェーンへの登録

パスワードを入力するダイアログが表示された際に、「パスワードを保存」をチェックするだけでパスワードのキーチェーンへの登録は終了します。

パスワードをキーチェーンに登録しておくと、次にそのパスワードを入力する機会があっても、パスワード入力が省略されて先に進みます。もし、パスワードの入力ダイアログボックスが表示された場合でも、登録したパスワードが自動入力されています。

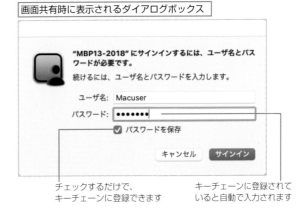

画面共有時に表示されるダイアログボックス

チェックするだけで、キーチェーンに登録できます

キーチェーンに登録されていると自動で入力されます

忘れてしまったパスワードを表示する

キーチェーンにはさまざまなパスワードを登録できるので、それぞれのパスワードを忘れてしまうことがあります。キーチェーンに登録したパスワードは、「キーチェーンアクセス」で表示できます。

01 「キーチェーンアクセス」を起動する

Finderウインドウで「ユーティリティ」フォルダを表示し、「キーチェーンアクセス」をダブルクリックします。

「システム設定でパスワードを管理」のポップアップウインドウが表示されたら、「キーチェーンアクセスを開く」をクリックしてください。

ShortCut
「ユーティリティ」
フォルダに移動
shift + ⌘ + U

ダブルクリックします

クリックします

02 パスワードを表示したい項目を ダブルクリック

パスワードを知りたい項目を検索します。メール受信のパスワードの場合、プロバイダ名で検索してください。表示されたリストから、パスワードを表示したい項目をダブルクリックします。

1.キーチェーンアクセスが表示されます

2.検索します

3.パスワードを表示する項目をダブルクリックします

03 「パスワードを表示」をチェック

項目の情報ダイアログボックスが表示されるので、「パスワードを表示」をチェックします。

チェックします

04 キーチェーンのパスワードを入力

「パスワード」欄にキーチェーンのパスワードを入力し、「OK」ボタンをクリックします。

⏻ Column

キーチェーンのパスワードは？

キーチェーンのパスワードは、デフォルトではログインパスワードと同じです。

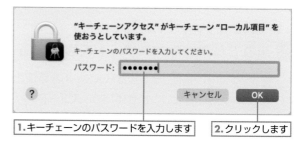

1. キーチェーンのパスワードを入力します　　**2.** クリックします

05 パスワードが表示される

パスワードが表示されました。

→ POINT

キーチェーンアクセスでは、パスワード以外に、認証局の発行する電子証明書なども管理できます。

パスワードが表示されました

▶ **Section 16-2** 「システム設定」▶「プライバシーとセキュリティ」

アクセスを許可／禁止するアプリや機能を選択する

 アプリによっては、他のアプリの情報にアクセスすることもあります。「システム設定」の「プライバシーとセキュリティ」では、アプリ間の連係についても設定できます。

アクセスを許可／禁止するアプリや機能を選択

01 「システム設定」から「プライバシーとセキュリティ」を選択

Dockやアップルメニューから「システム設定」を起動し、「プライバシーとセキュリティ」をクリックします。
アクセスを許可／禁止するアプリや機能をクリックします。

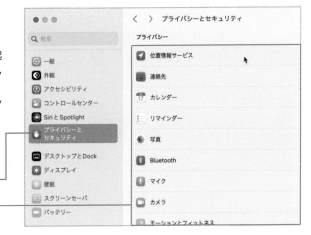

1.クリックします

2.アプリや機能を選択します

02 アプリを選択してアクセスを許可／禁止する

アプリにアクセスする他のアプリが表示されるので、アクセスを許可する場合はオンにします。

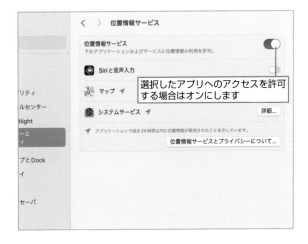

選択したアプリへのアクセスを許可する場合はオンにします

▶ **Section 16-3**　「システム設定」▶「アクセシビリティ」

Macのアクセシビリティ支援機能を活用する

Macには、視聴覚にハンディキャップがあったり操作が困難なユーザがMacを使いやすくするための「アクセシビリティ」の設定があります。「システム設定」の「アクセシビリティ」で機能を選択して設定してください。

VoiceOver

オンにすると、VoiceOver機能が有効となり、画面の表示内容を音声で読み上げます。

VoiceOver機能のオン／オフは、[⌘]＋[F5]キー（Touch Bar搭載のMacは[⌘]＋Touch IDを素早く3回押す）でも可能です。

> ▶ POINT
>
> VoiceOverで使用する音声は、「システム設定」の「アクセシビリティ」で「読み上げコンテンツ」を選択して設定できます。

オンにするとVoiceOver機能が有効となり、画面の表示内容を音声で読み上げます

ズーム機能

画面のズーム機能を設定します。

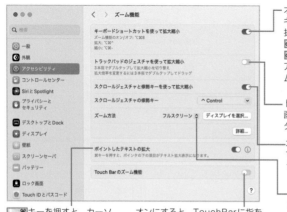

オンにするとズーム機能が有効となり、ショートカットキーによって画面表示を拡大・縮小できます。
拡大するには[option]＋[⌘]＋[∧]キー、縮小するには[option]＋[⌘]＋[−]キーを押してください。
[option]＋[⌘]＋[8]キーでカーソルのある箇所がズームアップされます。[option]＋[⌘]＋[¥]キーでイメージスムージングのオン／オフを切り替えられます

トラックパッドのジェスチャ：3本指でダブルタップして画面表示を拡大／縮小できます
ダブルタップ後にドラッグすると拡大率を設定できます

オンにすると、トラックパッドのスクロール操作（またはマウスのホイール操作）を、選択したキーを押しながら行うことでズーム操作ができます

ズームの方法を選択します。「フルスクリーン」では、画面全体がズームされます。「ピクチャ・イン・ピクチャ」では拡大用のウインドウが表示されます

[⌘]キーを押すと、カーソルのある箇所のテキストが拡大表示されます

オンにすると、TouchBarに指を触れたままにすると、TouchBarの内容が画面に拡大表示されます。

音声コントロール

Macでは、音声入力による操作が可能です。ここで設定されている音声入力コマンドを読むと、声によってアプリの起動・終了や、テキストの選択などの操作が可能になります。

使用する言語を選択します ── 音声入力に使用するマイクを選択します

クリックすると、音声コントロールが有効になります ── 音声入力コマンドが認識されるとサウンドを再生します

── 画面に項目番号や番号付きグリッドを表示します

利用できる音声入力コマンドが表示されます。
チェックされているのが利用できるコマンドです

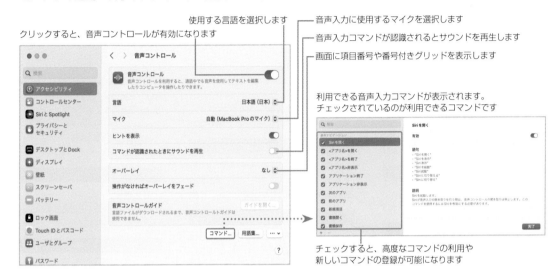

チェックすると、高度なコマンドの利用や
新しいコマンドの登録が可能になります

その他の機能

「システム設定」の「アクセシビリティ」には、他の以下のような設定項目が用意されています。

ディスプレイ	画面表示の色を反転するなどの、画面表示に関する設定を行います。
読み上げコンテンツ	VoiceOverなどで読み上げする声／速度／音量や、読み上げる対象を設定します。
音声ガイド	ビデオ説明サービスがある場合、ビデオを再生します。
オーディオ	通知音とともに画面を点滅させるなど、音に関する設定を行います。
RTT	連携しているiPhoneでの通話中にテキストで会話できるRTT（リアルタイムテキスト）のオン／オフを設定します。使用できるかは、通信事業者によります。
字幕	字幕とキャプションの表示方法を設定します。
キーボード	キーボードの操作に関する設定を行います。
ポインタコントロール	ダブルクリックの間隔や、キーボードのテンキーでマウス操作を行えるように設定します。
スイッチコントロール	1つのボタンだけでMacを自由に操作できるように、スイッチコントロールを設定します。
Siri	Siriの使用時に音声でなくタイプ入力を可能にします。
ショートカット	アクセシビリティのショートカットキーのオン/オフを設定します。
ライブスピーチ	入力した文字を読み上げます。
パーソナルボイス	ライブスピーチの音声として利用する音声を、自分の声を録音して登録します（英語のみ）。

著者紹介

井村 克也（いむら かつや）

1966年生まれ。1988年にソフトハウスでマニュアルライティングを覚え、1996年からフリーランス。
Adobeのグラフィック＆DTP関連のソフトを四半世紀以上使い続けるパワーユーザー。
パソコン関連の解説書籍の執筆は100冊を超える。
E-mail：TY4K-IMR@asahi-net.or.jp

■主な著書

「基礎からしっかり学べる Photoshop Elements 2023 最強の教科書 Windows & macOS対応」（共著）
「基礎からしっかり学べる Illustrator 最強の教科書 CC対応」（共著）
「基礎からしっかり学べる Photoshop 最強の教科書 CC対応」（共著）
「InDesign スーパーリファレンス CC 2017/2015/2014/CC/CS6対応」
「Windows 10 パソコンお引越しガイド 10/8.1/7対応」
（以上、ソーテック社）

macOS Sonoma
（マックオーエス ソノマ）

パーフェクトマニュアル

2023年11月15日　初版　第1刷発行

著　　　　者	井村克也
カバーデザイン	広田正康
発　行　人	柳澤淳一
編　集　人	久保田賢二
発　行　所	株式会社ソーテック社
	〒102-0072　東京都千代田区飯田橋4-9-5　スギタビル4F
	電話（注文専用）03-3262-5320　FAX 03-3262-5326
印　刷　所	大日本印刷株式会社

©2023 Katsuya Imura, Kazuya Takayama
Printed in Japan
ISBN978-4-8007-1327-8

写真モデル
chiba creators club model

写真提供
chiba creators club

本書のご感想・ご意見・ご指摘は
http://www.sotechsha.co.jp/dokusha/
にて受け付けております。Webサイトでは質問は一切受け付けておりません。